AF644051

ANHÄNGER
FÜR LAND- UND FORSTWIRTSCHAFT

Marco Homrighausen

Motor buch Verlag

Einbandgestaltung: Luis dos Santos

Bildnachweis: Sofern nicht anders vermerkt stammen die Bilder vom Autor bzw. aus dessen Archiv.

Eine Haftung des Autors oder des Verlages und seiner Beauftragten für Personen-, Sach- und Vermögensschäden ist ausgeschlossen.

ISBN 978-3-613-04288-9

Copyright © by Motorbuch Verlag, Postfach 103743, 70032 Stuttgart.
Ein Unternehmen der Paul Pietsch-Verlage GmbH & Co. KG

1. Auflage 2020

Sie finden uns im Internet unter www.motorbuch-verlag.de

Nachdruck, auch einzelner Teile, ist verboten. Das Urheberrecht und sämtliche weiteren Rechte sind dem Verlag vorbehalten. Übersetzung, Speicherung, Vervielfältigung und Verbreitung einschließlich Übernahme auf elektronische Datenträger wie DVD, CD-ROM usw. sowie Einspeicherung in elektronische Medien wie Internet usw. ist ohne vorherige Genehmigung des Verlages unzulässig und strafbar.

Lektorat: Joachim Kuch
Innengestaltung: WS – WerbeService Linke, 76185 Karlsruhe
Druck und Bindung: DZS Grafik, 1210 Ljubljana
Printed in Slovenia

Inhalt

Einleitung

Anhänger in der Land- und Forstwirtschaft

Dieses Buch soll dem Leser verschiedenste Anhänger aus der Land- und Forstwirtschaft vorstellen, und ihre fortlaufende Entwicklung einfach und anschaulich darstellen.
Mit dem Beginn der Bestellung von Feldern, brauchte die Menschheit irgendetwas, um die angebauten Erzeugnisse und Güter zu transportieren. Die Anfänge machten hier sicherlich Handwagen und Handkarren. Mit diesen war der Mensch dann in der Lage, seine Transporte durchzuführen. Hierbei handelte es sich vermutlich um primitive, aber einfache Konstruktionen, die bildlich gesehen an den Menschen angehangen wurden. Daher kann man hier bereits von Anhängern sprechen. Sie hatten selbst mit den heutigen hochmodernen Anhängern grundlegende Gemeinsamkeiten wie Achsen, Räder und Ankuppelpunkte. Die kompletten Anhänger dürften aus dem Werkstoff Holz hergestellt worden sein. Ankuppelvorrichtungen waren in Stangenform ausgeführt, welche mit Griffen und/oder mit Halterungen für Träger/Zuggestelle versehen waren. Hier wurde dann der Mensch mit den Händen oder am Oberkörper mit entsprechenden Tragegestellen an den Anhänger angekuppelt. Nach und nach wurden die Handkarren mit dem Aufkommen von Haustieren wie Ziegen, Esel, Kühe und Ochsen an den Ankuppelvorrichtungen angebaut und gezogen. Diese Art der Transporte in der Land- und Forstwirtschaft hielt sich über tausende von Jahren, bis durch die Industrialisierung die ersten dampfbetriebenen Zugmaschinen, so genannte Lokomobile, aufkamen. Einige Anhänger wurden daraufhin mit Deichseln ausgestattet, um an die Lokomobile angekuppelt zu werden. Da sich aber nur verhältnismäßig wenige Landwirte ein Lokomobil leisten konnten, wurde ein Großteil der Anhänger weiterhin von Zugtieren und Menschen gezogen.
Bis heute befindet sich auf jedem land- und forstwirtschaftlichen Betrieb ein durch Menschenkraft bewegter Anhänger. Hierbei handelt es sich um die gute, alte Schubkarre. In vielen Gegenden wird die Schubkarre umgangssprachlich als »Einrad Dreiseitenkipper« bezeichnet. Eine Sackkarre, auch ein muskelbetriebener Anhänger, findet ebenfalls noch heute in vielen Betrieben Verwendung.
Bis zum heutigen Tag haben sich die Anhänger für die Land- und Forstwirtschaft stetig weiter entwickelt. Vom Handkarren, der zum Transportieren von vielen unterschiedlichen Gütern benutzt werden konnte, bis hin zum hochmodernen Anhänger mit fest aufmontierten Maschinen. Diese Fahrgestelle sind optimal auf die Bedürfnisse der Maschine abgestimmt, und können auch nur für diese Maschine genutzt werden.
Dieses Werk soll einen kleinen Einblick in den primitiven Ursprung des Anhängers bis hin zu den hochmodernen Meisterstücken der innovativen Ingenieurskunst in der Landmaschinenherstellung geben.
Bei der Herstellung von Leiterwagen haben meist die örtlichen Handwerker wie Stellmacher, Zimmermann und Schmied zusammengearbeitet. Der Zimmermann fertigte die Balken als Grundlage für die Holzfahrgestelle und Beschläge; Radnaben und alle anderen Bauteile aus Metall wurden vom Schmied angefertigt. Der Stellmacher fertigte die Holzräder und fügte alles zu einem Anhänger zusammen. Auch die anfallenden Reparaturen an den Leiterwagen wurden von diesen Handwerksbetrieben übernommen.
Spätere Umrüstungen an den Leiterwagen, etwa die Umstellung auf Luftbereifung oder die zusätzliche Zugstange zum Anhängen an einen Traktor, wurden von den Schmiedebetrieben erledigt. So waren es auch diese Schmiede, die sich mit der Entwicklung von Stahlfahrgestellen (Gummiwagen, Ackerwagen) befassten. Die ersten Fahrgestelle aus Stahl wurden mit einfachsten Mitteln hergestellt. Erst später, als die Nachfrage nach diesen Anhängern mit Stahlfahrgestellen gestiegen ist, haben sich einige Betriebe auf die Serienproduktion eingestellt. In diesem Zuge wurden auch die Werkstätten modernisiert und die technischen Möglichkeiten aufgewertet.
Bei vielen der vorgestellten Anhänger ist der Hersteller leider nicht mehr zu ermitteln. Was dem Umstand geschuldet ist, dass die Verwendung von Typenschildern erst mit der Spezialisierung der Schmiedebetriebe einsetzte oder das Typenschild im Laufe der Jahre verloren ging. Ein Typenschild und eine Betriebserlaubnis für Anhänger wurden erst im Jahr 1961 zur Pflicht. Vor 1961 in Verkehr gebrachte Anhänger mussten keine Betriebserlaubnis und somit auch kein Typenschild haben. Je größer die Betriebe wurden – mittlerweile bezeichneten sich diese als Landmaschinenhersteller – desto vielfältiger wurden die Modelle. Anhand der Typenschilder konnten die Modelle besser unterschieden werden.
Bei heutigen Landmaschinenherstellern werden moderne Produktionslinien für die Fertigung der Anhänger genutzt.

Zweiachsiger Mehrzweckanhänger, Eigenbau des Autors.

Frühes mobiles Sägewerk, ohne heutige Sicherheitsvorkehrungen.

Kapitel 1

Die Anfänge, Handkarren, Schubkarren und Co

Mit der Erfindung des Rades startet auch der Entwicklungsprozess von Land- und Forstwirtschaftlichen Anhängern. Die Erfindung des Rades mit seinen daraus resultierenden Möglichkeiten war für die damalige Gesellschaft schon eine große Erleichterung. Musste doch vorher alles getragen, oder auf schlittenähnlichen Konstruktionen gezogen werden. Zeitlich lässt sich die Entwicklung des Rades nur sehr schwer einordnen. Da der Werkstoff Holz in dieser Zeit fast überall verfügbar war, wurde dieser auch als Grundmaterial für die Anhänger verwendet. Lediglich einige Verbindungselemente, wie z.B. Nägel, wurden aus Metall hergestellt und bei den Anhängern verarbeitet. Im weiteren Verlauf des Entwicklungsprozesses bekamen die Holzräder eine Bereifung aus Eisen/ Stahl. Hierbei handelte es sich um eine Eisenummantelung, wobei der Umfang des Holzrades komplett von der Ummantelung umschlossen war. Heute werden diese Holzräder als eisenbereift bezeichnet. Der Begriff Reifen war entstanden. Aus dem Herstellungsprozess der Anhänger aus Holz hat sich ein eigener Beruf entwickelt. Dieser Beruf hat den Namen Stellmacher, auch Wagner genannt. Heute ist dieses Berufsbild aufgrund mangelnder Nachfrage nur noch sehr selten vertreten.

Etwa ab 1880 war man technisch in der Lage, die eisenbereiften Räder mit einer Schicht aus Vollgummi zu überziehen. Hierdurch wurden die Erschütterungen, die durch die Benutzung der Anhänger entstanden, etwas abgedämpft. Noch heute sind einige Handkarren, Sackkarren und Schubkarren immer noch oder wieder mit Vollgummireifen ausgestattet. Auf den ebenen Böden der modernen landwirtschaftlichen Betriebe ist dieses auch völlig ausreichend. Der Vollgummireifen bietet den Vorteil, dass der Reifen nicht platt gefahren werden kann. So wie es mit den durch Muskelkraft betriebenen Anhängern jedoch auf unebenes Terrain geht, werden luftbereifte Räder verwendet. Hier überwiegt dann der Komfort im Einsatz der Anhänger. Die technische Weiterentwicklung der Handkarren, Schubkarren und Co hat sich bis heute fortgesetzt. Für verschiedenste Einsatzzwecke gibt es heute völlig unterschiedlich Modelle. Schubkarren können heute auch 2 oder sogar 4 Räder aufweisen. Hierdurch werden dem Benutzer bestimmte Arbeitsabläufe im Betrieb teilweise erheblich erleichtert. Auch Schubkarren mit eigenem Antrieb sind mittlerweile auf dem Landmaschinenmarkt erhältlich. Hier kommen dann neben Radfahrwerken auch Raupenfahrwerke zum Einsatz. Als Kraftquelle kommen meist Benzin- oder Dieselaggregate zum Einsatz. Aus neuesten Entwicklungen gehen akkubetriebene Schubkarren hervor. Die angetriebenen Hand- und Schubkarren werden auch gerne als Minidumper bezeichnet. Beim Antrieb dieser Dumper wird die Energie auf drei unterschiedlichen Methoden auf das Fahrwerk übertragen. Zum einen kann hier ein Direktantrieb zum Einsatz kommen. Somit ist bei dieser Ausführung der Elektromotor oder die Elektromotoren in dem Antriebsrad oder den Antriebsrädern verbaut. Bei einer anderen Variante, einem indirekten Antrieb, wird die Energie über ein Getriebe über einen Keilriemen auf das Antriebsrad oder die Antriebskette übertragen. Bei Ketten, bzw. Raupenfahrwerken wird die Energie über ein Hydrauliksystem übertragen. Der nötige Öldruck des Hydrauliksystems wird hierbei von einer Hydraulikpumpe, welche an den Energieerzeuger angeschlossen ist, erzeugt. Über Ventile können beide Kettenstränge des Fahrwerks unterschiedlich angesteuert werden. Hierdurch wird auch eine Kurvenfahrt mit dem Dumper auf Ketten-, bzw. Raupenfahrwerk erst möglich. Die Minidumper haben eine höhere Nutzlast gegenüber den von Muskelkraft betriebenen Anhängern.

Alusackkarre

Die Sackkarre ist ein Transportmittel, welches mit einer Achse und 2 Rädern ausgestattet ist. Sie dient zur Beförderung von Lasten. Neben Säcken, wie der Name schon sagt, können aber auch andere Güter wie Fässer, Kisten, Kartonagen usw. befördert werden. Die hier abgebildete moderne Sackkarre ist mit luftbereiften Rädern ausgestattet. Frühere Modelle waren unter anderem auch mit Metallrädern, Holzrädern oder auch Vollgummirädern ausgeführt. Durch Ihre vielfältigen Transportmöglichkeiten ist die Sackkarre noch heute in vielen landwirtschaftlichen Betrieben anzufinden. Sackkarren können mit der zu transportierenden Last geschoben sowie auch gezogen werden. Auch kleine Absätze und Treppen können mit ihr überwunden werden.

Anzahl der Achsen	1
Reifengröße	3.00 - 4
Bremssystem	-
Feststellbremse	-
Spurbreite	450 mm
Federung / Achsausgleich	-
Material Fahrgestell	Alu
Material Aufbau	Alu
Zusatzausstattung	-
Energieversorgung	-
Ladekapazität	150 kg
Hersteller	unbekannt
Ankuppelsystem an der Front	Handgriffe
Deichsel	Starrdeichsel
Ankuppelsystem am Heck	-

Handkarre, historisch

Hier handelt es sich um einen Handkarren, wie der Name schon sagt, welcher von Hand geschoben oder gezogen werden kann. Das Fahrgestell und der Aufbau sind aus Holz gefertigt. Die Räder sind als eisenbereifte Holzräder ausgeführt. Verwendung fand dieses Transportmittel hauptsächlich auf den Höfen der landwirtschaftlichen Betriebe für innerbetriebliche Transporte. Aber auch für Auslieferungen der erzeugten Waren wurden die Handkarren verwendet. Dieses Exponat ist im Freilichtmuseum Hessenpark für die Öffentlichkeit ausgestellt.

Anzahl der Achsen	1
Reifengröße	Eisenbereifte Holzräder
Bremssystem	-
Feststellbremse	-
Spurbreite	950 mm
Federung / Achsausgleich	-
Material Fahrgestell	Holz
Material Aufbau	Holz
Zusatzausstattung	-
Energieversorgung	-
Ladekapazität	200 kg
Hersteller	unbekannt
Ankuppelsystem an der Front	Handgriffe
Deichsel	Starrdeichsel
Ankuppelsystem am Heck	-

Handkarre, modern

Dieser moderne Handkarren ist mit zwei Ladeflächen in zwei Ebenen ausgeführt. Das Fahrgestell ist aus Metall hergestellt. Die Aufbauten bestehen aus Kunststoffkisten. Als Räder kommen Luftreifen zum Einsatz. Das dritte Rad ist als Stützrad in Vollgummi ausgeführt. Verwendung findet dieser Handkarren bei einem Nebenerwerbslandwirt zum Transport von Futtermitteln. Durch die zwei Aufbauten ist der Landwirt in der Lage, unterschiedliche Futtermittel in einem Weg zu transportieren, welches eine Arbeitserleichterung darstellt. Zur Reinigung können die Kisten aus Kunststoff einfach nach oben entnommen werden.

Anzahl der Achsen	1
Reifengröße	3.00 - 4
Bremssystem	-
Feststellbremse	-
Spurbreite	750 mm
Federung / Achsausgleich	-
Material Fahrgestell	Stahl
Material Aufbau	Kunststoff
Zusatzausstattung	-
Energieversorgung	-
Ladekapazität	80 kg
Hersteller	unbekannt
Ankuppelsystem an der Front	Handgriff
Deichsel	Starrdeichsel
Ankuppelsystem am Heck	-

Holzschubkarre

Anzahl der Achsen	1
Reifengröße	Eisenbereifte Holzräder
Bremssystem	-
Feststellbremse	-
Spurbreite	-
Federung / Achsausgleich	-
Material Fahrgestell	Holz
Material Aufbau	Holz
Zusatzausstattung	-
Energieversorgung	-
Ladekapazität	200 kg
Hersteller	unbekannt
Ankuppelsystem an der Front	Handgriffe
Deichsel	Starrdeichsel
Ankuppelsystem am Heck	-

Diese Schubkarre ist in Holzbauweise ausgeführt. Als Bereifung dient ein eisenbeschlagenes Holzrad, welches mit einer durchgehenden Achse verbaut ist. Die Stützen des Fahrgestells sind in Metall gearbeitet. Auf der Ladefläche können wie abgebildet Brennholz, aber auch andere Güter wie Säcke und Kisten transportiert werden. Für Schüttgüter, wie etwa Getreidekörner, Sand oder Kies, ist diese Schubkarre nicht geeignet.

Kernchen (Handwagen)

Anzahl der Achsen	1
Reifengröße	1,25 - 20
Bremssystem	-
Feststellbremse	-
Spurbreite	700 mm
Federung / Achsausgleich	-
Material Fahrgestell	Stahl
Material Aufbau	Stahl
Zusatzausstattung	-
Energieversorgung	-
Ladekapazität	100 kg
Hersteller	unbekannt
Ankuppelsystem an der Front	Handgriff
Deichsel	Starrdeichsel
Ankuppelsystem am Heck	-

Hier handelt es sich um einen Handwagen, bei dem das Fahrgestell und der Aufbau aus Metall gefertigt wurden. Als Korrosionsschutz wurde das Metall verzinkt. Die luftbereiften Räder stammen von einem Moped. Der Handwagen ist ein Eigenbau eines Landwirts auf der Insel Usedom. Das Kernchen, wie es im Volksmund oft genannt wird, wird meistens von Hand bewegt. Zusätzlich wurde für längere Transportwege eine Anhängevorrichtung zum Ankuppeln an ein Fahrrad oder Moped an der Deichsel montiert.

Leiterwagen mit seitlichem Gitter aus Holzbrettern

Anzahl der Achsen	2
Reifengröße	Eisenbereifte Holzräder
Bremssystem	-
Feststellbremse	-
Spurbreite	750 mm
Federung / Achsausgleich	-
Material Fahrgestell	Holz
Material Aufbau	Holz
Zusatzausstattung	seitliche Leiter
Energieversorgung	-
Ladekapazität	300 kg
Hersteller	unbekannt
Ankuppelsystem an der Front	Handgriff
Deichsel	Dreschemeldeichsel
Ankuppelsystem am Heck	-

Das Fahrgestell dieses Leiterwagens wurde in Holzbauweise erstellt. Auf diesem Fahrgestell kommt ein Aufbau aus Holzbrettern, die so genannte Leiter, zum Einsatz. An der Drehschemeldeichsel ist eine Zugstange mit Handgriff angebaut.

Die Räder sind als eisenbeschlagene Holzräder ausgeführt. Der Leiterwagen wird durch Muskelkraft gezogen. Hauptsächliche Verwendung fand dieser Leiterwagen zum Transport von Grünfutter, Raufutter und Stroh. Aber auch Säcke konnten hiermit transportiert werden. Für Schüttgüter ist dieser Anhänger nicht geeignet.

Leiterwagen mit Kastenaufbau aus Holzbrettern

Bei diesem Leiterwagen besteht der Aufbau aus einem geschlossenen Kasten, welcher aus Holzbrettern gefertigt wurde. Im Gegensatz zu einem Gitteraufbau ist mit diesem Kastenaufbau auch der Transport von Schüttgütern wie Getreide, Kies und Sand möglich. Raufutter, Grünfutter und Stroh können ebenfalls befördert werden. Die Räder sind als eisenbereifte Holzräder ausgeführt.

Anzahl der Achsen	2
Reifengröße	Eisenbereifte Holzräder
Bremssystem	-
Feststellbremse	-
Spurbreite	800 mm
Federung / Achsausgleich	-
Material Fahrgestell	Holz
Material Aufbau	Holz
Zusatzausstattung	geschlossene Bordwände (Kastenaufbau)
Energieversorgung	-
Ladekapazität	200 kg
Hersteller	unbekannt
Ankuppelsystem an der Front	Handgriff
Deichsel	Dreschemeldeichsel
Ankuppelsystem am Heck	-

Leiterwagen mit Aufbau aus Weidengeflecht

Als Fahrgestell kommt hier eine Holzkonstruktion zum Einsatz. Der Aufbau ist aus einem Weidengeflecht ausgeführt. Bei diesem Leiterwagen wird ein zusätzlicher Kunststoffeinsatz verwendet. Hierdurch ist auch der Transport von Schüttgütern möglich. Die Räder bestehen aus eisenbereiften Holzrädern.

Anzahl der Achsen	2
Reifengröße	Eisenbereifte Holzräder
Bremssystem	-
Feststellbremse	-
Spurbreite	600 mm
Federung / Achsausgleich	-
Material Fahrgestell	Holz
Material Aufbau	Korbgeflecht
Zusatzausstattung	Kunststoffeinsatz
Energieversorgung	-
Ladekapazität	80 kg
Hersteller	unbekannt
Ankuppelsystem an der Front	Handgriff
Deichsel	Dreschemeldeichsel
Ankuppelsystem am Heck	-

Schubkarre

Anzahl der Achsen	1
Reifengröße	4.00 - 8
Bremssystem	-
Feststellbremse	-
Spurbreite	-
Federung / Achsausgleich	-
Material Fahrgestell	Stahl
Material Aufbau	Stahl
Zusatzausstattung	-
Energieversorgung	-
Ladekapazität	120 kg
Hersteller	unbekannt
Ankuppelsystem an der Front	Handgriff
Deichsel	Starrdeichsel
Ankuppelsystem am Heck	-

Bei dieser Schubkarre ist das Fahrgestell aus Stahlprofilen gefertigt. Der geschlossene Aufbau der Schubkarre besteht aus Stahlblech. Eine Stahlfelge mit Luftbereifung kommt zum Einsatz. Dieses Transportmittel kann zur Beförderung von Stück- und Schüttgütern benutzt werden. Selbst der Transport von flüssigen Gütern ist bedingt möglich.

Kapitel 2

Vom Leiterwagen zum Gummiwagen

Als Leiterwagen werden Anhänger bezeichnet, die mit zwei Achsen und einer Deichsel ausgestattet sind. Die Deichsel ist an der Vorderachse des Anhängers, welche über einen Drehschemel drehbar gelagert ist, befestigt. An der Deichsel ist eine Verlängerung befestigt, über welche eine Drehbewegung der Vorderachse herbeigeführt werden kann. Die Drehbewegung war erforderlich, um dem Anhänger während der Fahrt eine Richtungsänderung (Lenkung) vorzugeben. Über die Verlängerung der Deichsel war es auf Grund des Hebelgesetztes möglich, den Anhänger auch von Hand zu lenken. Als Energie- bzw. Antriebsquelle diente hier neben der Muskelkraft der Menschen auch immer mehr der Einsatz von Nutztieren. Hierzu gehörten neben Pferden auch Kühe, Ochsen und Esel. Stand nur ein Zugtier zum Ziehen des Anhängers verwendet, sprach man von einspännigem Fahren. Hierbei wurde an beiden Seiten des Zugtieres jeweils eine Stange angebracht. Diese Stangen waren Bestandteil der Deichsel. Diese wiederum war direkt mit dem Drehschemel verbunden. Bei der Verwendung von zwei Zugtieren nebeneinander wurde zwischen den Zugtieren eine Stange angebracht, welche wiederum mit dem Drehschemel verbunden war. Die Bezeichnung Leiterwagen leitet sich aus den seitlich am Anhänger schräg angebrachten leiterähnlichen Bordwänden ab. In dieser Ausführung wurde der Anhänger hauptsächlich zum Transport von Heu (lose aufgeladen), Getreide (Garben, Bündel) und Faserpflanzen (Flachs und Hanf) verwendet. Zum Transportieren von so genannten Schüttgütern wurden die seitlichen Leiterwagen mit Stoffbahnen aus Jute ausgelegt, und somit die Ladefläche abgedichtet. An den seitlichen Leitern wurden die Stoffbahnen aus Stabilitätsgründen mit Brettern hinterlegt. Auch Wasser- und Jauchefässer konnten auf dem Leiterwagen befestigt werden. Hierdurch waren die Landwirte dann auch in der Lage, flüssige Güter zu transportieren. Sollten mit dem Leiterwagen

Ballenwagen, vom Landwirt umgebauter LKW-Anhänger.

Gummiwagen mit zwei Fässern. Der Erbauer hat wie früher auf dem Land üblich nur die Materialien verwendet, welche im Dorf leicht zu erwerben bzw. vorhanden waren.

sperrige und unhandliche Güter transportiert werden, konnte man die Seitenteile komplett abnehmen (demontieren). Somit kann man mit dem Leiterwagen unterschiedlichste Güter transportieren. Für besonders schwere Transportaufgaben wurden Leiterwagen mit verstärkten Abstützungen der Seitenwände verwendet. Diese Abstützungen werden auch als Rungen bezeichnet. Die Rungen stützen die Leitern / Seitenwände nach unten zur Ladefläche hin ab. Zusätzlich konnten an den Rungen noch weitere Verstärkungen angebracht werden. Diese Verstärkungen stützen die Rungen und somit auch die Seitenwände zusätzlich bis zur Achse hin ab. Es sind auch heute noch kleine Leiterwagen bekannt. Diese bezeichnet man als Bollerwagen, der Antrieb erfolgt hier von Hand.

Mit der beginnenden Motorisierung der Land- und Forstwirtschaft durch Lokomobile, und etwas später auch durch die ersten Traktoren, waren die Anhänger in Ausführung zum Antrieb durch Muskel- oder Tierkraft nicht mehr geeignet. Um die Leiterwagen für den Traktor nutzbar zu machen, hatten einige pfiffige Dorfschmiede eine Lösung parat. Die Zugstangen und Deichseln zum Ziehen durch Zugtiere wurden durch Vorrichtungen zum Ziehen durch einen Traktor umgebaut. Dieser Umbau beinhaltete meist eine neue Zugstange oder Deichsel. Um flexibel zu bleiben, waren viele Anhängevorrichtungen abnehmbar, bzw. austauschbar gestaltet. Hierdurch konnte der Anhänger sowohl mit dem Traktor als auch mit Zugtieren verwendet werden. Beim Zug durch einen Traktor hatte die Deichsel eine Öse, welche dann mit dem Anhängemaul am Traktor durch einen Bolzen verbunden wurde. Es war nur eine Frage der Zeit, bis die Leiterwagen aus Holz an ihre Leistungsgrenzen kamen. In einigen dörflichen Schmieden begann man damit, die Leiterwagen mit Achsstummeln aus Metall zu versehen. Hierdurch konnten die eisenbereiften Räder durch Stahlfelgen mit Gummibereifung ersetzt werden. Die Achslasten, und somit auch die Nutzlast der Leiterwagen, sind hierdurch deutlich erhöht worden. Hersteller der Achsen aus Metall waren in dieser Zeit z.B. BPW Achstechnik und Mercedes. Da der Dorfschmied meistens mit einem Lieferanten für die Achsen zusammen gearbeitet hat, konnten die Landwirte, die bei dem Dorfschmied ihren Leiterwagen haben umbauen lassen, bei einer Reifenpanne die Räder untereinander austauschen. Etwa zeitgleich

Leiterwagen mit Drehschemeldeichsel, ursprünglich zum Zug durch Nutztiere gebaut. Wurde mit einer Zugstange aus Stahl modifiziert, um durch Traktoren gezogen zu werden. Die Kurbel zum Betätigen der Bremse ist in die Deichsel integriert.

wie die Umrüstung der Leiterwagen haben einige Schmiede damit begonnen die Anhänger komplett aus Metall zu konstruieren und dann auch herzustellen. Die Ära des Gummiwagens war angebrochen. Vermutlich wurde aufgrund der Räder, die aus Stahlfelge und Reifen aus Gummi bestanden, die Bezeichnung Gummiwagen hergeleitet. In einigen ländlichen Gegenden ist die Bezeichnung Gummiwagen noch heute allgegenwertig. Da zu den Anfangszeiten der Herstellung der Gummiwagen noch nicht alle Landwirte über einen Traktor verfügten, wurden die Gummiwagen so konzipiert, dass sie durch Zugtiere und auch von Traktoren gezogen werden konnten.

Als Bremseinrichtung hatten die Leiterwagen mit Eisenbereifung Blöcke aus Holz montiert. Diese wirkten über ein Hebelsystem direkt auf den Umfang des eisenbereiften Rades ein. Eine Kurbel mit Gewindestange diente der Bedienung der Bremsanlage. Die Bremsanlage war so konzipiert, dass jede Achse separat über jeweils eine Kurbel angesteuert werden konnte. Mit dem Aufkommen der Achsstummel kamen auch die ersten Trommelbremsen auf. Hier wirkt die Bremskraft auf eine Trommel ein, welche mit dem Rad verbunden ist. Hier spricht man von einer indirekten Bremse. Die Bedienung der Trommelbremsen erfolgte mit einem ähnlichen Mechanismus wie bei der Bremse mit dem Holzklotz. Auch bei den Gummiwagen wurde in den Anfängen solch eine Bremsanlage verbaut. In der weiteren technischen Entwicklung für die Bedienung der Bremsanlage wurde ein Hebel entwickelt, welcher an einem Ende drehend gelagert ist. Am anderen Ende des Bedienhebels wurde ein Mechanismus verbaut, welcher automatisch den Bremshebel in der gewünschten Stellung arretierte / verriegelte. Die Betätigung dieses Mechanismus, in Form eines federnd gelagerten Bedienhebels, erfolgte von Hand. Die Schmiedebetriebe entwickelten den Gummiwagen immer weiter. Das komplette Fahrgestell war jetzt aus Metall gefertigt. Der Boden der Ladefläche und die rundherum angebrachte Brüstung, auch der Aufbau genannt, waren weiterhin meistens aus Holz hergestellt. Bei dem Aufbau werden starke Bretter, so genannte Bohlen, für den Boden verwendet. Die beiden Seitenteile wurden auf den Boden aufgestellt. An den Seiten stützen sich die Seitenteile, auch Bordwände genannt, an den Rungen schräg nach außen ab. Hierdurch entsteht eine trapezförmige Ladefläche. Die vordere sowie auch die hintere Bordwand werden formschlüssig in die Seitenteile eingepasst. Durch diese Einpassung werden die vordere und die hintere Bordwand ohne zusätzliche Verriegelung an ihrer Position gehalten. Bei einigen Modellen des Gummiwagens sind zur Stabilisierung der seitlichen Bordwände, etwa auf halber Länge der Seitenteile, Spannketten angebracht. Hierdurch kann einem Durchbiegen der Seitenteile entgegengewirkt werden. Bei der Ausführung des Bodens sind mehrere Varianten bekannt. Eine Variante sind einzelne Bretter, die durch aufgenagelte/ aufgeschraubte Kanthölzer an der Unterseite, formschlüssig gegen Verrutschen nach vorne und hinten, mit dem Fahrgestell verbunden sind. Ein seitliches Verrutschen wird durch die Anlage an den Rungen verhindert. Bei einer weiteren Variante ist der Boden zwei- bzw. dreigeteilt angefertigt. Hierbei werden entsprechend der Breite der Bodensegmente die Länge der Kanthölzer an der Unterseite der Bretter angepasst. Die Kanthölzer dienen auch hierbei als Sicherung gegen das Verrutschen, sowie auch als Verbindungselement der Bretter eines Bauteils des Bodens. Einzelne Bretter, sowie auch der geteilte Boden der Ladefläche, hatten einen großen Vorteil gegenüber einem einteiligen Boden. Bei Bedarf konnte der komplette Aufbau von nur einer einzigen Person auf dem Fahrgestell aufgebaut bzw. auch abgebaut werden. Bei der Verwendung von Fässern zum Transport von Flüssigkeiten, wurde meistens auf den Holzaufbau verzichtet. Die Fässer selbst hatten eine Unterkonstruktion aus Kanthölzern, welche dann im aufgebauten Zustand auch formschlüssig mit dem Fahrgestell verbunden waren. Zum Transport von Holzstämmen und anderen längeren Gütern konnte ebenfalls auf den Holzaufbau verzichtet werden. Die Holstämme wurden direkt längsseitig zwischen die Rungen auf das Fahrgestell aufgelegt. Seitlich sind die Baumstämme durch die Rungen gegen Verrutschen gesichert. Nach vorne und hinten übernahmen Spannketten diese Aufgabe.

Das Fahrgestell des Gummiwagens besteht aus Deichsel, Vorderwagen und Hinterwagen. Vorder- und Hinterwagen bestehen jeweils aus Achse, Abstützung zur Ladefläche, abnehmbare Rungen und Auflage für die Ladefläche. Am Vorderwagen ist zusätzlich noch der Drehschemel / Drehkranz angebracht, wohingegen der Hinterwagen über die Beleuchtungseinheit verfügt. Da ein etwas stärkerer Traktor durchaus in der Lage war, 2 Anhänger zu ziehen, wurden die Anhänger am Hinterwagen mit einem Anhängemaul, ähnlich dem bei

Leiterwagen mit Kastenaufbau in Trapezform. Am linken hintern Rad ist der Bremsklotz aus Holz zu erkennen. Die Bremskraft wirkt direkt auf das Rad.

Einfach gehaltene, nachgerüstete Zugstange an einem Leiterwagen. Ursprünglich wurden Zugtiere vor den Anhänger eingespannt.

einem Traktor, versehen. Beide Wagen sind über ein Rohr miteinander verbunden. Durch dieses Rohr konnte durch Herausnehmen von Bolzen die Länge zwischen Vorder- und Hinterwagen variabel auf den Einsatzzweck eingestellt werden. Eine weitere Funktion des Rohres besteht darin, den Achsausgleich auf unebenem Gelände zu übernehmen. Der Gummiwagen liegt somit fast immer mit allen Rädern auf dem Boden / Fahrbahn auf. Dieses Achsausgleichsystem war bis zur Einführung des Blattfedersystems Standard. Heute finden neben den Blattfedern auch Spiralfedern und Luftfederungen bei den Anhängern Verwendung.
Durch die fortlaufende Motorisierung der Land- und Forstwirtschaft kamen auch Anhänger mit einer festen / starren Achse nach dem Vorbild des Gummiwagens zum Einsatz. Hier spricht man von einem Starrdeichselanhänger, oder auch Einachsanhänger/Einachser. Diesen Anhängern fehlte im Gegensatz zu den Gummiwagen die Vorderachse. Eine fest angeschweißte Deichsel ersetzte die beweglich angebaute Deichsel des zweiachsigen Anhängers. Im Bereich der Deichsel wird während des Betriebes der Anhänger die Abstützung zum Boden / Fahrbahn durch den Traktor übernommen. Dieser kann über die Anhängevorrichtung, das Anhängemaul, eine Stützlast aufnehmen. Die einachsigen Anhänger verfügen zusätzlich über einen Stützfuß, oder ein Stützrad, auch Abstützsystem genannt. Beide Varianten können variabel in der Höhe auf die Höhe des Anhängemauls der Zugmaschinen angepasst werden. Im angekuppelten Zustand an den Traktor wird die Abstützvorrichtung vom Boden abgehoben bzw. hochgehoben. Durch ausgeklügelte Konstruktionen ist dieses für den Maschinisten des Zugfahrzeuges mit einigen wenigen Handgriffen möglich. Das Abstützsystem funktioniert über Gewindestangen mit Kurbeln, Klappmechanismen, oder einer Kombination aus beiden. Auch der Einachser verfügt über 2 Auflagen mitsamt Rungen für den Aufbau aus Holzbohlen. Dadurch sind die Einsatzmöglichkeiten ähnlich variabel wie bei dem zweiachsigen Gummiwagen. Lediglich die Nutzlast der Einachsanhänger fällt im Gegensatz zum großen Bruder geringer aus. Auch Achse und die Räder sind identisch. Aus diesen beiden »Grundtypen der Anhänger« haben sich, durch Weiterentwicklungen und technische Neuerungen, alle weiteren Anhänger abgeleitet.

Gummiwagen Appel 1

Hersteller	Gustav Appel KG
Anzahl der Achsen	2
Reifengröße	6.00 x 16
Bremssystem	Handhebelbremse VA, Auflaufbremse VA
Feststellbremse	Kurbel HA
Spurbreite	1580 mm
Federung / Achsausgleich	Rohrsystem
Material Fahrgestell	Stahl
Material Aufbau	Holz
Zusatzausstattung	Spannkette an Bordwand, Staufach
Energieversorgung	-
Ladekapazität	4200 kg
Ankuppelsystem an der Front	Zugöse 40 mm Traktor, Aufnahme für Tierzug
Deichsel	Drehschemeldeichsel
Ankuppelsystem am Heck	Zugmaul

Bei diesem Gummiwagen ist das Fahrgestell aus Stahl gefertigt. Der Aufbau des Anhängers besteht aus Holzbrettern. Durch verschiedene Verstellmöglichkeiten der Rungen, seitliche Halterungen zur Fixierung der Bordwände, können diese je nach Anforderung an das zu transportierende Gut angepasst / eingestellt werden. Durch die an den seitlichen Bordwänden angebrachte Spannkette können bei schwerer Ladung die Bordwände zusätzlich stabilisiert werden. An der Drehschemelachse ist eine Auflaufbremse eingearbeitet, wodurch der Anhänger bei Bergabfahrten durch sein eigenes Gewicht in Richtung Zugmaschine drückt. Hierdurch wird die Bremse auf die Vorderachse automatisch betätigt. Für die Rückwärtsfahrt wird die Auflaufeinrichtung mit einer speziellen Vorrichtung verriegelt. Zusätzlich zur Auflaufeinrichtung verfügt dieser Anhänger auch über eine Handhebelbremse/Feststellbremse. Diese wird über den Handbremshebel betätigt.

Gummiwagen ist mit Schüttgut beladen, alle Bordwände sind am Aufbau integriert.

Auflaufeinrichtung und Handbremshebel, über beides kann die Bremse betätigt werden.

Gummiwagen mit Meterholzstämmen beladen, die Bordwände an Vorder- und Rückseite wurden nicht benötigt.

Achsausgleich durch ein Rohrsystem, dadurch liegen auch in unebenem Gelände alle Räder auf dem Boden auf. Kein Rad steht in der Luft. Das Rohrsystem ist in der Mitte unter der Ladefläche zu sehen. Über dieses Rohrsystem kann auch der Abstand der Achsen verändert werden.

Spannkette zur Stabilisierung der Bordwände.

Bauteile Gummiwagen

Verstellbare Runge in verschiedenen Positionen. Die Positionen werden jeweils mit einem Bolzen gesichert.

Auf die verstellten Rungen wurden die Bordwände seitlich aufgelegt, hierdurch ist eine wesentliche Verbreiterung der Ladefläche entstanden, wodurch sperrige Güter transportiert werden können. Die Rungen befinden sich in der tiefsten Position.

Staufach an der Vorderachse angebracht. Einmal geschlossen und einmal geöffnet. In diesem Fall wird das Staufach zum Mitführen von Spanngurten zur Ladungssicherung genutzt.

Bremse

Handhebelbremse angezogen. Bremse ist betätigt.

Handhebelbremse gelöst. Bremse ist nicht betätigt.

Verriegelung für Auflaufbremse verriegelt. Bremse ist nicht betätigt.

Verriegelung für Auflaufbremse entriegelt. Bremse ist nicht betätigt.

Verriegelung für Auflaufbremse entriegelt und Zugöse ausgezogen. Bremse ist nicht betätigt.

Verriegelung für Auflaufbremse entriegelt und Zugöse eingeschoben. Bremse ist betätigt.

Feststellbremse mit Kurbelbedienung. Bremse ist nicht betätigt.

Feststellbremse mit Kurbelbedienung. Bremse ist betätigt.

Ackerwagen Multicar

Anzahl der Achsen	2
Reifengröße	5.00 x 16
Bremssystem	Auflaufbremse VA
Feststellbremse	-
Spurbreite	1100 mm
Federung / Achsausgleich	Blattfeder
Material Fahrgestell	Stahl
Material Aufbau	Stahl
Zusatzausstattung	-
Energieversorgung	-
Ladekapazität	2500 kg
Hersteller	unbekannt
Ankuppelsystem an der Front	Zugöse 40 mm
Deichsel	Drehkranzdeichsel
Ankuppelsystem am Heck	Zugmaul

Dieser Ackerwagen ist mit einem Fahrgestell aus Stahl ausgestattet. Der Aufbau in Kastenform ist ebenfalls aus Stahl hergestellt. Die seitlichen Wände sowie die hintere Bordwand können aufgeklappt werden, wodurch ein besseres Be- und Entladen möglich ist. In seinen Dimensionen ist dieser Anhänger speziell auf das Zugfahrzeug, das Multicar abgestimmt worden. Als Bremse ist an der Deichsel eine Auflaufeinrichtung montiert.

Ackerwagen Mössbauer

Anzahl der Achsen	2
Reifengröße	205/75 R 16 C
Bremssystem	Auflaufbremse VA, Handhebelbremse VA
Feststellbremse	Kurbel HA
Spurbreite	1885 mm
Federung / Achsausgleich	Rohrsystem
Material Fahrgestell	Stahl
Material Aufbau	Stahl/Holz
Zusatzausstattung	Ladeflächenverlängerung
Energieversorgung	-
Ladekapazität	4500 kg
Hersteller	Mössbauer
Ankuppelsystem an der Front	Zugöse 40 mm Traktor, Aufnahme für Tierzug
Deichsel	Drehschemeldeichsel
Ankuppelsystem am Heck	Zugmaul

Bei diesem Ackerwagen ist das Fahrgestell in Stahlbauweise ausgeführt. Der Aufbau besteht aus einer Kombination von Stahl als Trägermaterial und Holzbrettern. Die seitlichen und die hintere Bordwand sind klappbar ausgeführt. Zur Verlängerung der Ladefläche verfügt dieser Ackerwagen am Heck über eine Vorrichtung, auf welcher die heruntergeklappte hintere Bordwand als zusätzliche Ladefläche aufgelegt werden kann.

Ackerwagen VEB

Anzahl der Achsen	2
Reifengröße	7.25 X 16
Bremssystem	Auflaufbremse VA
Feststellbremse	-
Spurbreite	1885 mm
Federung / Achsausgleich	Blattfeder
Material Fahrgestell	Stahl
Material Aufbau	Stahl/Holz
Zusatzausstattung	Bordwanderhöhung
Energieversorgung	-
Ladekapazität	3500 kg
Hersteller	unbekannt
Ankuppelsystem an der Front	Zugöse 40 mm Traktor
Deichsel	Drehkranzdeichsel
Ankuppelsystem am Heck	-

Das Fahrgestell dieses Ackerwagens ist in Stahlbauweise ausgeführt. Der Aufbau ist ein Materialmix aus Stahl und Holz. Auffällig ist die zusätzliche Erhöhung der Ladefläche durch zwei umlaufende Holzrahmen. Die Bremse ist als Auflaufeinrichtung ausgeführt.

Ballenwagen

Anzahl der Achsen	Tandemachse TDA
Reifengröße	15.0/55-17
Bremssystem	Druckluftbremse
Feststellbremse	Druckluftbremse
Spurbreite	1950 mm
Federung / Achsausgleich	Blattfeder
Material Fahrgestell	Stahl
Material Aufbau	Stahl
Zusatzausstattung	Deichselverstellung
Energieversorgung	Hydraulik
Ladekapazität	6500 kg
Hersteller	unbekannt
Ankuppelsystem an der Front	Zugöse 40 mm Traktor
Deichsel	Starrdeichsel
Ankuppelsystem am Heck	-

Dieser Ballenwagen hat ein Fahrgestell aus Stahl und verfügt über eine Tandemachse. Der Aufbau besteht ebenfalls aus Stahl. Um bei verschiedenen Zugmaschinen immer eine ausbalancierte Ladefläche zur Verfügung zu haben, ist die Deichsel über eine hydraulisch betätigte Vorrichtung verstellbar. Der Achsausgleich der Tandemachse beruht auf einem Blattfedersystem. Wenn der Anhänger nicht an einer Zugmaschine angekuppelt ist, wird die Deichsel über ein Stützrad abgestützt.

Ballenwagen Krone

Anzahl der Achsen	2
Reifengröße	315/70 R22,5
Bremssystem	Druckluftbremse
Feststellbremse	Druckluftbremse
Spurbreite	1950 mm
Federung / Achsausgleich	Blattfeder
Material Fahrgestell	Stahl
Material Aufbau	Stahl
Zusatzausstattung	-
Energieversorgung	-
Ladekapazität	10500 kg
Hersteller	Krone
Ankuppelsystem an der Front	Zugöse 40 mm Traktor
Deichsel	Drehkranzdeichsel
Ankuppelsystem am Heck	Zugmaul

Bei Firma Bernhard Krone handelt es sich um einen umgebauten LKW-Anhänger. Dieser verfügt über ein Fahrgestell aus Stahl. Der Boden des Aufbaus besteht aus einem Stahlrahmen mit einem Belag aus Holzbrettern. Die vordere und hintere Bordwand, in Gitterform, besteht aus Stahlrohren. Das Reserverad ist unter dem Boden der Ladefläche für den Bedarfsfall angebaut. Die Druckluftbremsanlage wurde vom LKW-Anhänger übernommen.

Anhänger Bugdan

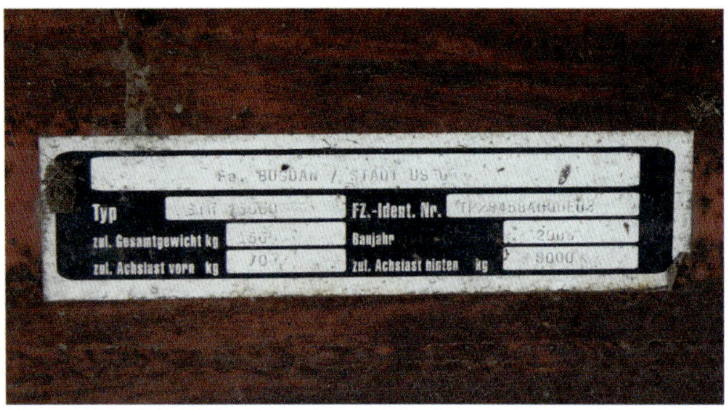

Anzahl der Achsen	2
Reifengröße	10.00 - 20
Bremssystem	Druckluftbremse
Feststellbremse	Druckluftbremse
Spurbreite	1950 mm
Federung / Achsausgleich	Plattfeder
Material Fahrgestell	Stahl
Material Aufbau	Stahl
Zusatzausstattung	-
Energieversorgung	Hydraulik
Ladekapazität	15000 kg
Hersteller	Bugdan Usedom
Ankuppelsystem an der Front	Zugöse 40 mm Traktor
Deichsel	Drehkranzdeichsel
Ankuppelsystem am Heck	-

Dieser in der ehemaligen DDR hergestellte Anhänger beruht auf einem Fahrgestell aus Stahl. Der Aufbau in Gitterausführung ist ebenfalls aus Stahl hergestellt. Genutzt wird dieser Anhänger zum Transport von Stückgut wie etwa Stroh- und Heuballen, verschiedene Boxen usw. Als Bremse fungiert eine Druckluftbremsanlage.

Gummiwagen Einachser

Anzahl der Achsen	1
Reifengröße	8.25 x 20
Bremssystem	Handhebelbremse
Feststellbremse	Handhebelbremse
Spurbreite	1650 mm
Federung / Achsausgleich	-
Material Fahrgestell	Stahl
Material Aufbau	Holz/Stahl
Zusatzausstattung	Stützrad mit Gewinde-spindel
Energieversorgung	-
Ladekapazität	2500 kg
Hersteller	unbekannt
Ankuppelsystem an der Front	Zugöse 40 mm Traktor
Deichsel	Starrdeichsel
Ankuppelsystem am Heck	-

Der einachsige Gummiwagen basiert auf einem Fahrgestell und Aufbau aus Stahl. Verwendet wird dieser Anhänger zum Transport von Brennholz. Die Bremse ist als Handhebelbremse eingebaut worden. Um den Gummiwagen im abgekuppelten Zustand leichter manövrieren zu können, wurde ein Stützrad an der Deichsel montiert.

Gummiwagen Appel

Anzahl der Achsen	2
Reifengröße	7.00 x 15
Bremssystem	Handhebelbremse VA
Feststellbremse	Kurbel HA
Spurbreite	1580 mm
Federung / Achsausgleich	Rohrsystem
Material Fahrgestell	Stahl
Material Aufbau	Holz
Zusatzausstattung	Vorrichtung zum Fahren mit Zugtieren
Energieversorgung	-
Ladekapazität	3800 kg
Hersteller	Gustav Appel kg
Ankuppelsystem an der Front	Zugöse 40 mm Traktor, Aufnahme für Tierzug
Deichsel	Drehschemeldeichsel
Ankuppelsystem am Heck	Zugmaul

Dieser Gummiwagen mit einem Fahrgestell aus Stahl wurde von der Gustav Appel kg gebaut. Der geschlossene Aufbau ist aus Holzbrettern konstruiert worden. An der Vorderachse kommt eine Drehschemeldeichsel zur Anwendung. Die Bremse ist als Handhebelbremse ausgelegt. Durch die Demontage der Schere, die Verbindung zwischen Anhänger und Zugmaschine, kann der Anhänger auch mit Zugtieren gefahren werden. Beim Fahrbetrieb mit Zugtieren wird die Bremse der Vorderachse über eine Kurbel mit Gewindespindel betätigt. Die Kurbel befindet sich an der Vorderachse in Fahrtrichtung links.

Gummiwagen Schweitzer

Anzahl der Achsen	2
Reifengröße	6.00 x 16
Bremssystem	Handhebelbremse VA
Feststellbremse	Kurbel HA
Spurbreite	1580 mm
Federung / Achsausgleich	Rohrsystem
Material Fahrgestell	Stahl
Material Aufbau	Holz
Zusatzausstattung	Bordwanderhöhung
Energieversorgung	-
Ladekapazität	3800 kg
Hersteller	Schmiedebetrieb Schweitzer
Ankuppelsystem an der Front	Zugöse 40 mm Traktor, Aufnahme für Tierzug
Deichsel	Drehschemeldeichsel
Ankuppelsystem am Heck	Zugmaul

Bei diesem Gummiwagen besteht das Fahrgestell aus Stahl, wobei die Achsen nicht als gerade Stange, sondern als u-förmig gebogene Stange ausgeführt sind. Dieses hat den Vorteil, dass die Bodenfreiheit des Anhängers erhöht wird.

Der Kastenaufbau besteht aus Holzbrettern. Zum normalen Aufbau ist hier noch eine Bordwanderhöhung durch einen umlaufenden Rahmen aus Brettern angebaut. Hierdurch wird das Ladevolumen erhöht.

Gummiwagen Schäfer

Anzahl der Achsen	2
Reifengröße	6.00 x 20
Bremssystem	Handhebelbremse VA
Feststellbremse	Kurbel HA
Spurbreite	1650 mm
Federung / Achsausgleich	Rohrsystem
Material Fahrgestell	Holz mit Stahlbeschlägen
Material Aufbau	Holz/Holzverbundwerkstoff
Zusatzausstattung	Aufbau für Getreidetransport
Energieversorgung	-
Ladekapazität	6000 kg
Hersteller	Schmiedebetrieb Schäfer
Ankuppelsystem an der Front	Zugöse 40 mm Traktor, Aufnahme für Tierzug
Deichsel	Drehschemeldeichsel
Ankuppelsystem am Heck	Zugmaul

Aus Holzbalken wurde das Fahrgestell dieses Gummiwagens hergestellt. Lediglich Schrauben und Beschläge an diesem Fahrgestell und die Radnaben mit Bremse bestehen aus dem Werkstoff Stahl. Ursprünglich wurde dieser Anhänger durch Zugtiere gezogen. Später wurde durch den Anbau einer Schere das Ankuppeln an eine Zugmaschine möglich. Der Aufbau des Anhängers besteht aus Holz. Dieser ist als Transportvorrichtung für Getreide ausgelegt und hat eine Nutzlast von 6000 Kilogramm. Der Mähdrescher füllt das Getreide direkt von oben in die Transportvorrichtung ein. Zum Entladen wird der seitliche Schiebemechanismus in Fahrtrichtung rechts geöffnet.

Gummiwagen

Anzahl der Achsen	2
Reifengröße	6.50 R 16 C
Bremssystem	Handhebelbremse VA
Feststellbremse	Kurbel HA
Spurbreite	1650 mm
Federung / Achsausgleich	Rohrsystem
Material Fahrgestell	Stahl
Material Aufbau	Wassertank aus Stahl
Zusatzausstattung	Tränksystem für Nutztiere
Energieversorgung	-
Ladekapazität	1500 Liter
Hersteller	unbekannt
Ankuppelsystem an der Front	Zugöse 40 mm Traktor, Aufnahme für Tierzug
Deichsel	Drehschemeldeichsel
Ankuppelsystem am Heck	Zugmaul

Bei diesem Gummiwagen wurde das Fahrgestell aus Stahl hergestellt. Der Aufbau besteht aus zwei Balken, auf welche ein Stahlfass aufgebaut wurde. Das Stahlfass wurde durch Feuerverzinken gegen Korrosion geschützt. Das Fass hat ein Fassungsvermögen von 1500 Litern. Als Zusatzausstattung hat das Fass ein System zum Tränken von Nutzvieh.

Gummiwagen Knecht

Anzahl der Achsen	2
Reifengröße	235/80 R16
Bremssystem	ursprünglich Auflaufbremse VA
Feststellbremse	Kurbel HA
Spurbreite	1650 mm
Federung / Achsausgleich	Rohrsystem
Material Fahrgestell	Stahl
Material Aufbau	Wassertank aus Stahl
Zusatzausstattung	Tränksystem für Nutztiere
Energieversorgung	-
Ladekapazität	2500 Liter
Hersteller	Schmiedebetrieb Knecht
Ankuppelsystem an der Front	Zugöse 40 mm Traktor
Deichsel	Drehschemeldeichsel
Ankuppelsystem am Heck	Zugmaul

Dieser Gummiwagen wurde vom Schmiedebetrieb Knecht mit einem Fahrgestell aus Stahl hergestellt. An der Schere der Drehschemeldeichsel wurde ursprünglich eine Auflaufvorrichtung zur Betätigung der Bremse an der Vorderachse angebaut, welche im jetzigen Zustand defekt ist. Als Aufbau wurde ein auf Balken befestigtes, verzinktes Stahlfass aufgebaut. Dieses Fass hat ein Fassungsvermögen von 2500 Litern. Als Zusatzausstattung wurde ein System zum Tränken von Nutzvieh angebaut.

Gummiwagen

Anzahl der Achsen	2
Reifengröße	5.60 x 16
Bremssystem	Auflaufbremse VA
Feststellbremse	Kurbel HA
Spurbreite	1550 mm
Federung / Achsausgleich	Rohrsystem
Material Fahrgestell	Stahl
Material Aufbau	-
Zusatzausstattung	-
Energieversorgung	-
Ladekapazität	3800 kg
Hersteller	unbekannt
Ankuppelsystem an der Front	Zugöse 40 mm Traktor, Aufnahme für Tierzug
Deichsel	Drehschemeldeichsel
Ankuppelsystem am Heck	Zugmaul

Bei diesem Gummiwagen mit einem Fahrgestell aus Stahl wurde das Rohrsystem ausgezogen, um den Abstand der beiden Achsen zu vergrößern. Durch diese Maßnahme können lange Ladungen, wie hier die langen Holzbauteile, problemlos geladen und transportiert werden. Die Ladung liegt direkt auf dem Fahrgestell auf. Auf den Aufbau wurde verzichtet.

Gummiwagen Krämer

Anzahl der Achsen	2
Reifengröße	165/65 R 15
Bremssystem	Kurbel HA
Feststellbremse	Kurbel HA
Spurbreite	1550 mm
Federung / Achsausgleich	Rohrsystem
Material Fahrgestell	Stahl
Material Aufbau	Wassertanks aus Stahl
Zusatzausstattung	Tränksystem für Nutztiere
Energieversorgung	-
Ladekapazität	3000 Liter
Hersteller	Fahrzeugbau Krämer
Ankuppelsystem an der Front	Zugöse 40 mm Traktor, Aufnahme für Tierzug
Deichsel	Drehschemeldeichsel
Ankuppelsystem am Heck	Zugmaul

Auf dieses Stahlfahrgestell wurden zwei Stahlfässer mit Holzbalken aufgebaut. Die Fässer haben eine Ladekapazität von insgesamt 3000 Litern. Als Zusatzausstattung wurden an die Stahlfässer Tränkesysteme für Nutzvieh angebaut. Durch abnehmen der Schere an der Drehschemeldeichsel ist ein Zug des Anhängers durch Zugtiere möglich.

Gummiwagen Baumstammtransport

Anzahl der Achsen	2
Reifengröße	6.00 x 18
Bremssystem	Handhebelbremse VA, Auflaufbremse VA
Feststellbremse	Kurbel HA
Spurbreite	1650 mm
Federung / Achsausgleich	Rohrsystem
Material Fahrgestell	Stahl
Material Aufbau	-
Zusatzausstattung	-
Energieversorgung	-
Ladekapazität	4500 kg
Hersteller	unbekannt
Ankuppelsystem an der Front	Zugöse 40 mm Traktor
Deichsel	Drehschemeldeichsel
Ankuppelsystem am Heck	Zugmaul

Dieser Gummiwagen mit einem Fahrgestell aus Stahl wird zum Transport von Langholz eingesetzt. Auf den Aufbau wurde bei diesem Anhänger verzichtet. Die Ladung, in diesem Fall die Baumstämme, wird direkt auf das Fahrgestell aufgeladen. Durch die Möglichkeit das Rohrsystem vom Fahrgestell aus- beziehungsweise einzuziehen, kann der Achsabstand und somit die Auflage für die Baumstämme auf die Länge der zu transportierenden Baumstämme eingestellt werden. Die seitlichen Rungen an den Auflagen für die Ladung sind in ihrer Neigung variabel einstellbar. Über eine Auflaufeinrichtung wird die Bremse der Vorderachse betätigt. Die Feststellbremse der Hinterachse wird über eine seitliche Kurbel betätigt.

Gummiwagen Schütz

Anzahl der Achsen	2
Reifengröße	6.50 x 16
Bremssystem	Handhebelbremse VA, Auflaufbremse VA
Feststellbremse	Kurbel HA
Spurbreite	1580 mm
Federung / Achsausgleich	Rohrsystem
Material Fahrgestell	Stahl
Material Aufbau	Holz
Zusatzausstattung	-
Energieversorgung	-
Ladekapazität	3500 kg
Hersteller	Landmaschinen Schütz
Ankuppelsystem an der Front	Zugöse 40 mm Traktor
Deichsel	Drehschemeldeichsel
Ankuppelsystem am Heck	Zugmaul

Der Gummiwagen der Firma Landmaschinen Schütz ist mit einem Fahrgestell aus Stahl ausgerüstet. Der Aufbau besteht aus Holzbrettern und ist als Kastenaufbau ausgeführt. Die Bremse der Vorderachse wird über eine Auflaufeinrichtung, die der Hinterachse über ein Handrad betätigt.

Gummiwagen Unterstand

Anzahl der Achsen	2
Reifengröße	5.50 x 16
Bremssystem	Auflaufbremse VA
Feststellbremse	Kurbel VA
Spurbreite	1580 mm
Federung / Achsausgleich	Rohrsystem
Material Fahrgestell	Stahl
Material Aufbau	Holz
Zusatzausstattung	Aufbau als Sonnen- und Regenschutz für Weidetiere
Energieversorgung	-
Ladekapazität	3500 kg
Hersteller	unbekannt
Ankuppelsystem an der Front	Zugöse 40 mm Traktor
Deichsel	Drehschemeldeichsel
Ankuppelsystem am Heck	Zugmaul

Bei diesem Gummiwagen ist das Fahrgestell aus Stahl hergestellt. Der Aufbau besteht aus Kanthölzern, welche als Trägergestell für eine Überdachung ausgeführt ist. Die Überdachung besteht aus Trapezblechen. Dieser Anhänger kommt bei der Beweidung von Wiesen zum Einsatz. Die Überdachung bietet den Weidetieren Schutz vor Sonneneinstrahlung und Niederschlägen. Im Winter lagert der Besitzer Futtermittel unter der Überdachung. Somit wird dieser Anhänger im gesamten Jahresablauf genutzt.

Ballenwagen

Anzahl der Achsen	Tandemachse TDA
Reifengröße	15.0/55-17
Bremssystem	Auflaufbremse
Feststellbremse	Handhebelbremse
Spurbreite	1850 mm
Federung / Achsausgleich	Blattfeder
Material Fahrgestell	Stahl
Material Aufbau	Stahl
Zusatzausstattung	-
Energieversorgung	-
Ladekapazität	8000 kg
Hersteller	unbekannt
Ankuppelsystem an der Front	Zugöse 40 mm Traktor
Deichsel	Starrdeichsel
Ankuppelsystem am Heck	-

Bei diesem Ballenwagen wird ein Fahrgestell aus Stahl verwendet. Das Achssystem ist als Tandemachse ausgeführt. Der Boden des Aufbaus ist in Holzbrettern ausgeführt. Die Bordwände an Vorder- und Rückseite sind aus Stahlrohren gefertigt und als Gitter ausgeführt. Die Bremsanlage wird über ein Auflaufsystem betätigt. Verwendung findet dieser Anhänger im Transport von Heu-, Silage- und Strohballen. Der Ausgleich der Tandemachse ist durch ein Blattfederpaket gegeben.

Plattformwagen

Anzahl der Achsen	Tandemachse TDA
Reifengröße	15.0/55-17
Bremssystem	Auflaufbremse
Feststellbremse	Handhebelbremse
Spurbreite	1850 mm
Federung / Achsausgleich	Blattfeder
Material Fahrgestell	Stahl
Material Aufbau	Stahl
Zusatzausstattung	-
Energieversorgung	-
Ladekapazität	8000 kg
Hersteller	unbekannt
Ankuppelsystem an der Front	Zugöse 40 mm Traktor
Deichsel	Starrdeichsel
Ankuppelsystem am Heck	-

Das Fahrgestell dieses Plattformwagens ist in Stahlbauweise hergestellt worden, und eine Tandemachse kommt zur Anwendung. Der Aufbau ist lediglich als Plattformboden ausgeführt und besteht aus Holzbrettern. Durch ein Auflaufsystem wird die Bremsanlage betätigt. Ein Blattfederpaket übernimmt die Aufgabe, die Tandemachse auszugleichen.

Leiterwagen

Anzahl der Achsen	2
Reifengröße	Eisenbereifte Holzräder
Bremssystem	Kurbel VA
Feststellbremse	Kurbel VA
Spurbreite	1685 mm
Federung / Achsausgleich	Rundholzsystem
Material Fahrgestell	Holz mit Stahlbeschlägen
Material Aufbau	Holz mit Stahlbeschlägen
Zusatzausstattung	Bordwandabstützung durch Streben zur Achse
Energieversorgung	-
Ladekapazität	2000 kg
Hersteller	unbekannt
Ankuppelsystem an der Front	Zugöse 40 mm Traktor, Aufnahme für Tierzug
Deichsel	Drehschemeldeichsel
Ankuppelsystem am Heck	-

Dieser Leiterwagen beruht auf einem Fahrgestell aus Holz. Die Radnaben sind in Metall ausgeführt. Als Räder kommen eisenbereifte Holzräder zum Einsatz. Die seitlichen Bordwände sind aus Holz in Gitterbauweise hergestellt. Diese Art der Bordwände wird als Leitern bezeichnet. Hieraus leitet sich der Name Leiterwagen ab. Die seitlichen Leitern stützen sich bei diesem System über Rungen ab, diese sind an den Radnaben befestigt. Neben Zugtieren können auch Zugmaschinen zum Fahren des Anhängers eingesetzt werden. Dieser Anhänger wird zum Transport von Getreide, welches zu Garben zusammengebunden ist, verwendet. Die Betätigung der Bremse erfolgt über eine Kurbel.

Leiterwagen

Anzahl der Achsen	2
Reifengröße	Eisenbereifte Holzräder
Bremssystem	Kurbel HA
Feststellbremse	Kurbel HA
Spurbreite	1555 mm
Federung / Achsausgleich	Rundholzsystem
Material Fahrgestell	Holz mit Stahlbeschlägen
Material Aufbau	Holz mit Stahlbeschlägen
Zusatzausstattung	hohe Leitern an Front und Heck
Energieversorgung	-
Ladekapazität	2300 kg
Hersteller	unbekannt
Ankuppelsystem an der Front	Aufnahme für Tierzug
Deichsel	Drehschemeldeichsel
Ankuppelsystem am Heck	-

Das Fahrgestell dieses Leiterwagens ist aus Holz gebaut worden, wobei die Radnaben aus Metall bestehen. Der Aufbau ist ebenfalls aus Holzkomponenten gebaut worden. Neben den seitlichen Leitern verfügt dieser Anhänger über hohe Leitern an Front und Heck. Hierdurch wird die Ladekapazität deutlich erhöht. Als Ladung wurden hauptsächlich Getreidegarben und Heu transportiert. Die Bremse wird durch eine Handkurbel betätigt. Für die Fortbewegung wurden Zugtiere verwendet. Der Einsatz einer Zugmaschine ist nicht vorgesehen.

Leiterwagen mit Luftreifen

Anzahl der Achsen	2
Reifengröße	10.00 x 15
Bremssystem	-
Feststellbremse	-
Spurbreite	1500 mm
Federung / Achsausgleich	Rundholzsystem
Material Fahrgestell	Holz mit Stahlbeschlägen
Material Aufbau	Holz mit Stahlbeschlägen
Zusatzausstattung	Bordwanderhöhung
Energieversorgung	-
Ladekapazität	1800 kg
Hersteller	unbekannt
Ankuppelsystem an der Front	Zugöse 40 mm Traktor, Aufnahme für Tierzug
Deichsel	Drehschemeldeichsel
Ankuppelsystem am Heck	-

Dieser Leiterwagen mit einem Fahrgestell aus Holz weist eine Besonderheit auf. Die Räder sind luftbereifte Stahlfelgen, was für diesen Anhängertyp nicht unbedingt üblich war. Von den Abmaßen her handelt es sich hier eher um einen kleineren Anhänger, dessen Konstruktion auf die Verwendung kleiner Zugtiere zurückzuführen ist. Zu einem späteren Zeitpunkt wurde zusätzlich eine Vorrichtung zum Ankuppeln einer Zugmaschine angebaut. Die Bordwanderhöhung wurde ebenfalls nachträglich angebaut.

Leiterwagen

Anzahl der Achsen	2
Reifengröße	Eisenbereifte Holzräder
Bremssystem	Kurbel HA
Feststellbremse	Kurbel HA
Spurbreite	1600 mm
Federung / Achsausgleich	Rundholzsystem
Material Fahrgestell	Holz mit Stahlbeschlägen
Material Aufbau	Holz mit Stahlbeschlägen
Zusatzausstattung	-
Energieversorgung	-
Ladekapazität	2500 kg
Hersteller	unbekannt
Ankuppelsystem an der Front	Zugöse 40 mm Traktor, Aufnahme für Tierzug
Deichsel	Drehschemeldeichsel
Ankuppelsystem am Heck	-

Dieser Leiterwagen verfügt über ein Fahrgestell aus Holz. Die Räder sind als eisenbereifte Holzräder ausgeführt. Aus Holzbrettern wurde der geschlossene Holzaufbau gefertigt. An die Radnaben aus Metall können zusätzliche Abstützungen für die Bordwände des Kastenaufbaus montiert werden. Insbesondere Schüttgüter wie Getreidekörner, Sand, Erde und Kies können mit diesem Anhänger befördert werden. Ursprünglich wurden Zugtiere als Fortbewegungsmittel vor den Leiterwagen gespannt. Später wurde zusätzlich eine Zugstange, Vorrichtung zum Ankuppeln einer Zugmaschine, an der Drehschemeldeichsel montiert.

Leiterwagen

Anzahl der Achsen	2
Reifengröße	Eisenbereifte Holzräder
Bremssystem	Kurbel VA
Feststellbremse	Kurbel VA
Spurbreite	1550 mm
Federung / Achsausgleich	Rundholzsystem
Material Fahrgestell	Holz mit Stahlbeschlägen
Material Aufbau	Holz mit Stahlbeschlägen
Zusatzausstattung	Bordwandabstützung durch Streben zur Achse
Energieversorgung	-
Ladekapazität	2300 kg
Hersteller	unbekannt
Ankuppelsystem an der Front	Zugöse 40 mm Traktor, Aufnahme für Tierzug
Deichsel	Drehschemeldeichsel
Ankuppelsystem am Heck	-

Dieser Leiterwagen beruht auf einem Fahrgestell aus Holzbalken. Die Radnaben sind in Metall ausgeführt. Als Räder werden eisenbereifte Holzräder verwendet. Die als geschlossener Kasten ausgeführten Bordwände sind aus Holzbrettern hergestellt worden. Als Abstützung der seitlichen Bordwände werden Rungen verwendet. Diese sind an den Radnaben befestigt. Zur Fortbewegung des Anhängers wurden Zugtiere eingesetzt. Die Betätigung der Bremse erfolgt über eine Kurbel.

Ackerwagen

Anzahl der Achsen	2
Reifengröße	8.00 x 18
Bremssystem	Auflaufbremse VA
Feststellbremse	Kurbel VA
Spurbreite	1700 mm
Federung / Achsausgleich	Blattfeder
Material Fahrgestell	Stahl
Material Aufbau	Stahl/Holz
Zusatzausstattung	Bordwanderhöhung
Energieversorgung	-
Ladekapazität	4500 kg
Hersteller	unbekannt
Ankuppelsystem an der Front	Zugöse 40 mm Traktor
Deichsel	Drehkranzdeichsel
Ankuppelsystem am Heck	Zugmaul

Das Fahrgestell dieses Ackerwagens ist aus Stahl hergestellt worden. Ein Materialmix aus Stahl und Holz kommt bei der Herstellung der Bordwände zum Einsatz. Die seitlichen-, und die hintere Bordwand sind klappbar ausgeführt. Über ein Auflaufsystem wird die Bremsanlage betätigt. Als Zusatzausstattung kommt hier eine Bordwanderhöhung zum Einsatz.

Plattformwagen

Anzahl der Achsen	2
Reifengröße	185/70 R 14
Bremssystem	Handhebelbremse VA
Feststellbremse	Handhebelbremse VA
Spurbreite	1650 mm
Federung / Achsausgleich	Rundholzsystem
Material Fahrgestell	Holz
Material Aufbau	Holz/Stahl
Zusatzausstattung	-
Energieversorgung	-
Ladekapazität	4500 kg
Hersteller	unbekannt
Ankuppelsystem an der Front	Zugöse 40 mm Traktor, Aufnahme für Tierzug
Deichsel	Drehschemeldeichsel
Ankuppelsystem am Heck	Zugmaul

Ein Fahrgestell aus Holzbalken kommt bei diesem Plattformwagen zum Einsatz. Lediglich die Radnaben und die Beschläge des Fahrgestells sind aus Metall. Der Aufbau dieses Anhängers ist aus Holzbrettern gefertigt und als geschlossener Kasten ausgeführt. Die Bremsanlage wird über einen Handhebel betätigt. Der ursprünglich für die Fortbewegung mit Zugtieren ausgelegte Plattformwagen wurde nachträglich mit einer Vorrichtung zum Ankuppeln an eine Zugmaschine ausgerüstet.

Plattformwagen

Anzahl der Achsen	2
Reifengröße	5.25 x 15
Bremssystem	Handhebelbremse VA
Feststellbremse	Handhebelbremse VA
Spurbreite	1550 mm
Federung / Achsausgleich	Blattfeder
Material Fahrgestell	Stahl
Material Aufbau	Holz/Stahl
Zusatzausstattung	Achsausgleich über Rohrsystem/Blattfeder
Energieversorgung	-
Ladekapazität	3500 kg
Hersteller	unbekannt
Ankuppelsystem an der Front	Zugöse 40 mm Traktor
Deichsel	Drehschemeldeichsel
Ankuppelsystem am Heck	-

Dieser Plattformwagen verfügt über ein Fahrgestell aus Stahl. Zusätzlich zum Rohrsystem wurden Blattfederpakete an den Achsen verbaut. Hierdurch ist ein guter Achsausgleich gegeben. Eine weitere Besonderheit sind die luftbereiften Räder, diese stammen ursprünglich von einem VW Käfer. Der geschlossene Kastenaufbau ist aus Holz gefertigt, wobei die Beschläge in Metall ausgeführt sind. Die Bremse wird über einen Handhebel betätigt.

Plattformwagen

Anzahl der Achsen	2
Reifengröße	10.00 x 20
Bremssystem	Luftdruckbremse VA HA
Feststellbremse	Luftdruckbremse VA HA
Spurbreite	2150 mm
Federung / Achsausgleich	Blattfeder
Material Fahrgestell	Stahl
Material Aufbau	Holz/Stahl
Zusatzausstattung	Bordwanderhöhung
Energieversorgung	-
Ladekapazität	8000 kg
Hersteller	unbekannt
Ankuppelsystem an der Front	Zugöse 40 mm Traktor
Deichsel	Drehkranzdeichsel
Ankuppelsystem am Heck	Zugmaul

Ein Stahlfahrgestell ist die Grundlage dieses Plattformwagens. Als Achsausgleich kommen Blattfederpakete zum Einsatz. Ursprünglich wurde dieser Anhänger für den Zug durch LKWs konstruiert. Die Bremsanlage wird mittels Druckluft betätigt. Der Aufbau des geschlossenen Kastens ist in Holzbauweise mit Metallbeschlägen ausgeführt. Als Zusatzausstattung wird eine Bordwanderhöhung verwendet. Hierdurch kann die Ladekapazität erhöht werden. Besonders beim Transport von Schüttgütern, beispielsweise Getreidekörner, ist dieses von Vorteil. An der vorderen Bordwand ist eine Vorrichtung zum Anbau eines Reserverades angebracht.

Plattformwagen

Anzahl der Achsen	3
Reifengröße	10.00 – 20
Bremssystem	Druckluftbremse
Feststellbremse	Druckluftbremse
Spurbreite	2050 mm
Federung / Achsausgleich	Blattfeder
Material Fahrgestell	Stahl
Material Aufbau	Stahl
Zusatzausstattung	Zwillingsbereifung
Energieversorgung	-
Ladekapazität	17500 kg
Hersteller	unbekannt
Ankuppelsystem an der Front	Zugöse 40 mm Traktor
Deichsel	Drehkranzdeichsel
Ankuppelsystem am Heck	-

Das Fahrgestell dieses dreiachsigen Plattformwagens ist in Stahlbauweise ausgeführt. Der ursprüngliche LKW-Anhänger wurde für die Bedürfnisse der Landwirtschaft umgestaltet. Die Plattform des Aufbaus besteht aus einem Stahlrahmen. In diesen wurden starke Holzbretter eingelassen. An Front und Heck wurden Abstützungen aus Stahl angebracht. Hierdurch ist dieser Plattformwagen für den Transport von Heu-, Silage- und Strohrundballen geeignet. Die Bremsanlage wird über Druckluft betätigt. Aufgrund der hohen Nutzlast dieses Anhängers sind die Räder als Zwillingsbereifung ausgeführt.

Kapitel 3

Vom Ackerwagen zum Kipper

Aus dem Gummiwagen ging in der Entwicklung der Ackerwagen hervor. Dieser ist nicht mehr mit dem Achsausgleich aus Rohrsystem ausgestattet, sondern verfügt über ein Plattfedersystem. Hierdurch ist der Achsausgleich gewährleistet, und jedes Rad hat im unwegsamen Gelände Bodenkontakt. Eine weitere Neuerung war, dass der Aufbau nicht mehr aus den schräg gestellten Bordwänden bestand. Stattdessen kommt hier ein Kastenaufbau zum Einsatz. Meistens ist die vordere Bordwand fest auf dem Anhänger montiert. Die seitlichen Wände und die hintere Bordwand sind drehend am Rande der Ladefläche montiert. Hierfür werden eine Art Scharniere verwendet. Im hochgeklappten Zustand sind die seitlichen Bordwände über Spezialverschlüsse einmal an der vorderen Bordwand und an Rungen an den hinteren Ecken der Ladefläche verriegelt. Die hintere Bordwand, umgangssprachlich auch als Klappe bezeichnet, ist ebenfalls an den Eckrungen verriegelt. Durch die senkrecht stehenden seitlichen Bordwände hat sich das Ladevolumen der Anhänger deutlich erhöht. Die Bordwände sind jetzt aus Stahlrahmen mit Holzfüllung gefertigt, in einigen seltenen Fällen wurde als Füllung auch Stahlblech verwendet. Die Ladefläche ist jetzt fest mit dem Fahrgestell des Ackerwagens verbunden. Sie ist ebenfalls aus einer Stahl/Holzkonstruktion hergestellt. Technisch ist man zu diesem Zeitpunkt bereits in der Lage, die Anhänger korndicht auszuführen, was nichts anderes bedeutet, als dass die Anhänger ohne weitere Komponenten Getreide verlustfrei transportieren können. Die Eckrungen können mit Verlängerungen erhöht werden, hiermit ist es auch möglich Aufsatzbordwände über die bereits vorhandenen Bordwände anzubauen. Mit dieser Maßnahme kann das Ladevolumen nochmals erhöht werden. Um Getreide leichter vom Anhänger abladen zu können, verfügt die hintere

Zweiachsdreiseitenkipper mit hohem Aufbau und geschlossener Abdeckplane.

Rückansicht eines Muldenkippers, die Bordwand ist hydraulisch hochklappbar.

Bordwand über einen beweglichen Schieber. Dieser konnte variabel auf das zu entladende Schüttgut eingestellt werden, was etwa beim Entladen von losem Getreide sehr hilfreich sein konnte. Einige Hersteller verbauten auch an den seitlichen Bordwänden Schiebeverschlüsse. Die Kastenwagen sind von Anfang an auch als einachsige Modelle verfügbar.

Da der Fortschritt nicht aufhört, und die technische Entwicklung immer weiter geht, sind auf Grundlage der Ackerwagen die ersten Anhänger mit kippbarer Ladefläche entstanden. Hier sprechen wir dann von einem »Kipper«. Die ersten Kipper sind als Seitenkipper entwickelt worden. Ein Abkippen der Ladung ist hier nur zu den Seiten des Anhängers möglich. Durch Ein- und Umstecken von Bolzen als Drehpunkte konnte die Richtung des Abkippens festgelegt werden. Um die Ladefläche auf einer Seite anzuheben, werden bei den ersten Modellen Zahnstangentriebe verwendet. Man dreht die auf einer Welle befindlichen Zahnräder mithilfe einer Kurbel. Die drehenden Zahnräder übertragen die Energie des Kurbelns dann auf die Zahnstangen, wodurch sich die Ladefläche anhebt und die Ladung auf der tieferen Seite des Anhängers herunterrutschen kann. Natürlich muss man im Vorfeld die seitliche Bordwand öffnen und herunterklappen. Die Zahnstangen sind im Bereich der Achsen in das Fahrgestell verbaut, da hier die erforderliche Abstützung zum Boden/der Fahrbahn über Achse und Räder übertragen werden konnte. Hierbei sprechen wir von einem Zweiseitenkipper.

Etwas später in der Entwicklung wurde die Ladefläche über Hydraulikzylinder angehoben. Der erforderliche Öldruck wurde durch eine direkt am Kipper angebrachte Handpumpe erzeugt. Diese Pumpe ist meist direkt in den Hydraulikölbehälter integriert. Lediglich das Bedienteil ist von außen zu sehen. In dieses Bedienteil wird eine Stange gesteckt, und durch Auf- und Abbewegen der Stange wird das Hydrauliköl vom Behälter über ein Rohr- und Schlauchsystem in den Hydraulikzylinder gefördert. Hierdurch fährt der Kolben des Zylinders aus und die Ladefläche wird angehoben. Durch diese beiden Systeme können auch Traktoren ohne eigene Hydraulikanlage den Kipper fahren und am Zielort die Ladung abkippen. Bei der Verwendung eines Traktors mit Hydraulikanlage werden die Hydraulikanlagen von Traktor und Anhänger mittels eines Hydraulikschlauches und Kupplungsvorrichtung verbunden. Die Handpumpe am Anhänger kann somit entfallen. Einige Hersteller haben die Variante mit Handpumpe und Hydraulikschlauch gewählt, hierdurch

Zweiachsdreiseitenkipper mit montierter Aufstiegshilfe an der vorderen Bordwand. Auflaufeinrichtung und Handbremshebel an der Deichsel.

ist der Anhänger, unabhängig vom verwendeten Traktor, voll funktionsfähig verwendbar. Die Zweiseitenkipper sind mir nur als zweiachsige Anhänger bekannt.

Durch die Verwendung von Hydrauliksystemen in den Kipper-Konstruktionen, ist es nun auch möglich Kipper herzustellen, die zu beiden Seiten und nach hinten abkippen können. Hierbei sprechen wir dann vom Dreiseitenkipper. Beim Dreiseitenkipper wird lediglich ein Hydraulikzylinder verbaut, im Gegensatz zum Zweiseitenkipper, wo meistens 2 Zahnstangentriebe bzw. Hydraulikzylinder verbaut werden. Kipper mit dreiseitig kippbarer Ladefläche mit Zahnstangentrieb sind nicht bekannt.

Dreiseitenkipper sind sowohl in Zweiachsausführung, Einachsausführung, sowie auch in der Ausführung mit Tandemachse und Tridemachse bekannt.

Zweiseitenkipper sowie auch Dreiseitenkipper sind oft am hinteren Ende mit einer Anhängevorrichtung, ähnlich wie das Anhängemaul des Traktors, ausgerüstet. Zusätzlich ist bis zum Heck auch eine Hydraulikleitung mit Hydraulikkupplung verbaut. Somit ist der Traktorist in der Lage zwei Anhänger / Kipper auf einer Fahrt zu verwenden. Auch der Abladevorgang bei zwei verwendeten Kippern konnte über das Hydrauliksystem des Traktors ausgeführt werden. Es kann jeder Kipper nacheinander oder auch beide Kipper gleichzeitig entladen werden. Hierbei ist jedoch zu beachten, dass der Abladevorgang am ersten Anhänger mit abkippbarer Ladefläche hinter dem Traktor nur seitlich ausgeführt werden kann. Die Verwendung von zwei Anhängern wird meistens bei langen Transportstrecken, beispielsweise bei der Auslieferung von land- und forstwirtschaftlichen Erzeugnissen/ Produkten, praktiziert.

Der Muldenkipper ist eine weitere Variante in der Familie der Anhänger mit kippbarer Ladefläche. Muldenkipper besitzen eine sehr stabile Konstruktion der Ladefläche. Diese ist als Mulde oder Wanne ausgeführt. Da der Muldenkipper nur nach hinten abgekippt werden kann, werden in der Herstellung die vorderen und die seitlichen Bordwände fest miteinander verbaut. Hierdurch ist der Muldenkipper in der Lage, hohe Ladungsgewichte aufzunehmen. Der oder die Hydraulikzylinder sind mittig unter der Ladefläche bzw. auch vorne vor der Ladefläche eingebaut. Öffnen und Schließen der hinteren Bordwand erfolgt über ein Hydrauliksystem. Zusätzlich wird die Hintere Bordwand, auch Klappe genannt, über Hydraulikzylinder in geschlossener Stellung für den Transport verriegelt. Durch diese Konstruktionen ist der Maschinist des Traktors in der Lage, den kompletten Abladevorgang direkt vom Führerstand des Traktors aus zu abzuarbeiten. Dieses stellt eine enorme Arbeitserleichterung dar. Muss er doch bei den anderen Varianten des Kippers bei jedem Abladevorgang den Führerstand des Traktors verlassen, um eine Bordwand von Hand zu entriegeln und zu öffnen. Wieder den Führerstand betreten um die Ladefläche des Kippers anzuheben und wieder abzusenken, und letztendlich wieder den Führerstand zu verlassen um die Bordwand zu schließen und zu verriegeln.

Zweiachsdreiseitenkipper mit Ersatzrad unterhalb der Ladefläche. An der vorderen Bordwand ist eine Abdeckplane in der dafür vorgesehenen Halterung deponiert.

Zweiseitenkipper Bruns

Anzahl der Achsen	2
Reifengröße	10.5/80 - 18
Bremssystem	Auflaufbremse VA
Feststellbremse	Handhebelbremse VA
Spurbreite	1850 mm
Federung / Achsausgleich	Blattfeder
Material Fahrgestell	Stahl
Material Aufbau	Stahl/Holz
Zusatzausstattung	Zweiseitig kippbare Ladefläche
Energieversorgung	Hydraulik
Ladekapazität	5700 kg
Hersteller	Bruns
Ankuppelsystem an der Front	Zugöse 40 mm Traktor
Deichsel	Drehkranzdeichsel
Ankuppelsystem am Heck	Zugmaul

Dieser Anhänger ist als Zweiseitenkipper ausgeführt und verfügt über ein Fahrgestell aus Stahl. Beim Aufbau fanden Holz und Stahl Verwendung. Die seitlichen Bordwände sind jeweils oben und unten klappbar ausgeführt. Zum Entladen von Schüttgütern wie etwa Getreidekörnern wird die Bordwand an der Unterseite geöffnet. Hierdurch kann das Schüttgut beim Kippen der Ladefläche gleichmäßig entladen werden. Bei Stückgütern wie etwa Paletten wird die Bordwand an der Oberseite geöffnet und herunter geklappt. So können die Stückgüter sauber verladen bzw. entladen werden. Die hintere Bordwand kann an der Oberseite geöffnet werden. Zur Betätigung der Bremse kommt ein Handhebel und/oder ein Auflaufsystem zum Einsatz. Die Energie zum Kippen der Ladefläche kommt von der Hydraulikanlage der Zugmaschine.

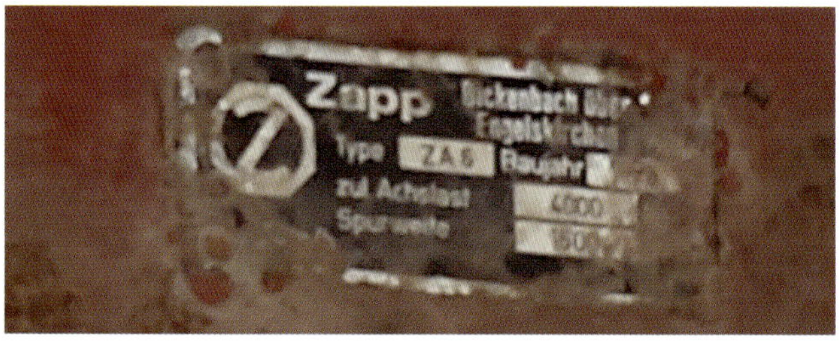

Dreiseitenkipper Blumhardt

Anzahl der Achsen	2
Reifengröße	6.50 - 16
Bremssystem	Auflaufbremse VA
Feststellbremse	Handhebelbremse VA
Spurbreite	1850 mm
Federung / Achsausgleich	Blattfeder
Material Fahrgestell	Stahl
Material Aufbau	Stahl/Holz
Zusatzausstattung	dreiseitig kippbare Ladefläche
Energieversorgung	Hydraulik mit Handpumpe
Ladekapazität	5700 kg
Hersteller	Blumhardt
Ankuppelsystem an der Front	Zugöse 40 mm Traktor
Deichsel	Drehkranzdeichsel
Ankuppelsystem am Heck	Zugmaul

Dieser Dreiseitenkipper ist mit einem Fahrgestell aus Stahl gebaut worden. Der Aufbau ist als geschlossener Kasten ausgeführt und besteht aus den Materialien Holz und Stahl. Die Energie zum Kippen der Ladefläche muss über eine Handhydraulikpumpe erzeugt werden. Die Pumpe ist an der vorderen Bordwand montiert. Die Bremsanlage kann über ein Auflaufsystem oder über einen Handhebel betätigt werden. Der Achsausgleich ist durch Blattfederpakete gegeben.

Zahnstangenkipper Blumhardt GFK 3

Anzahl der Achsen	2
Reifengröße	7.50 - 20
Bremssystem	Auflaufbremse VA
Feststellbremse	Handhebelbremse VA
Spurbreite	1850 mm
Federung / Achsausgleich	Blattfeder
Material Fahrgestell	Stahl
Material Aufbau	Stahl/Holz
Zusatzausstattung	zweiseitig kippbare Ladefläche
Energieversorgung	mit Kurbel betätigte Zahnstangen
Ladekapazität	4200 kg
Hersteller	Blumhardt
Ankuppelsystem an der Front	Zugöse 40 mm Traktor
Deichsel	Drehkranzdeichsel
Ankuppelsystem am Heck	Zugmaul

Bei diesem Anhänger kommt ein Fahrgestell zum Einsatz. Der Aufbau besteht aus Holz und Stahl, wobei die seitlichen und die hinteren Bordwände klappbar ausgeführt sind. Über ein System aus Kurbel und Zahnstangen kann die Ladefläche seitlich gekippt werden. Dieses System muss von Hand per Muskelkraft bedient werden. Zum Ausgleich der Achsen kommen Blattfederpakete zum Einsatz. In der in Fahrtrichtung linken Bordwand ist ein Schieber zum Entladen von Schüttgütern wie Getreidekörner integriert. Die Betätigung der Bremse erfolgt über ein Auflaufsystem.

Zweiseitenkipper HW 80 EAS

Anzahl der Achsen	2
Reifengröße	16.00 - 20
Bremssystem	Druckluftbremse VA HA
Feststellbremse	Druckluftbremse VA HA
Spurbreite	1800 mm
Federung / Achsausgleich	Blattfeder
Material Fahrgestell	Stahl
Material Aufbau	Stahl
Zusatzausstattung	zweiseitig kippbare Ladefläche, Häckselaufbau, automatische Seitenklappe
Energieversorgung	Hydraulik, Seitenklappe öffnet beim Anheben der Ladefläche über ein Gestänge
Ladekapazität	8550 kg
Hersteller	VEB Kraftfahrzeugbau Ernst Grube, Werdau
Ankuppelsystem an der Front	Zugöse 40 mm Traktor
Deichsel	Drehkranzdeichsel
Ankuppelsystem am Heck	Zugmaul

Dieser Zweiseitenkipper hat ein Stahlfahrgestell. Auch der Aufbau ist komplett aus Stahl hergestellt. Der Aufbau ist so ausgeführt, dass er seitlich, in Fahrtrichtung rechts, durch Kippen abgeladen werden kann. Beim Kippen der Ladefläche öffnet die rechte Bordwand automatisch, und die Ladung kann problemlos entladen werden. Verwendung findet dieser Anhänger hauptsächlich beim Transport von gehäckselten Gütern. Die Beladung findet meistens direkt durch den Häcksler statt. Als Bremse ist eine Druckluftbremsanlage verbaut. Die Energie zum Kippen der Ladefläche kommt von der Hydraulikanlage der Zugmaschine.

Zweiseitenkipper HW 80

Anzahl der Achsen	2
Reifengröße	16.00 - 20
Bremssystem	Druckluftbremse VA HA
Feststellbremse	Druckluftbremse VA HA
Spurbreite	1800 mm
Federung / Achsausgleich	Blattfeder
Material Fahrgestell	Stahl
Material Aufbau	Stahl
Zusatzausstattung	zweiseitig kippbare Ladefläche
Energieversorgung	Hydraulik
Ladekapazität	8550 kg
Hersteller	VEB Kraftfahrzeugbau Ernst Grube, Werdau
Ankuppelsystem an der Front	Zugöse 40 mm Traktor
Deichsel	Drehkranzdeichsel
Ankuppelsystem am Heck	Zugmaul

Dieser Zweiseitenkipper hat ein Stahlfahrgestell. Auch der Aufbau ist komplett aus Stahl hergestellt. Der Aufbau ist so ausgeführt, dass er seitlich, in Fahrtrichtung rechts, durch Kippen abgeladen werden kann. Beim Kippen der Ladefläche öffnet die rechte Bordwand automatisch, und die Ladung kann problemlos entladen werden. Im Gegensatz zum HW 80 EAS sind bei diesem Aufbau die seitlichen Bordwände zweiteilig aufgebaut, und somit teilbar. Verwendung findet dieser Anhänger hauptsächlich beim Transport von gehäckselten Gütern. Die Beladung findet meistens direkt durch den Häcksler statt. Als Bremse ist eine Druckluftbremsanlage verbaut. Die Energie zum Kippen der Ladefläche kommt von der Hydraulikanlage der Zugmaschine.

Einachsdreiseitenkipper ED 35

Anzahl der Achsen	1
Reifengröße	11.5/80 – 15,3
Bremssystem	Handhebelbremse
Feststellbremse	Handhebelbremse
Spurbreite	1800 mm
Federung / Achsausgleich	-
Material Fahrgestell	Stahl
Material Aufbau	Stahl
Zusatzausstattung	dreiseitig kippbare Ladefläche, Getreideschieber am Heck
Energieversorgung	Hydraulik
Ladekapazität	4000 kg
Hersteller	Farm Truck
Ankuppelsystem an der Front	Zugöse 40 mm Traktor
Deichsel	Starrdeichsel
Ankuppelsystem am Heck	Zugmaul

Dieser Anhänger weist ein Stahlfahrgestell mit einer Achse auf. Der Aufbau, inklusive der Bordwanderhöhung, ist aus Stahl hergestellt worden. Die Betätigung der Bremse erfolgt über den Handbremshebel. An der hinteren Bordwand ist ein Schieber zur Entladung von Schüttgütern wie Getreidekörnern integriert. Die seitlichen Wände und die hintere Bordwand sind klappbar ausgeführt. Für die Energieversorgung des Kippers wird die Hydraulikanlage der Zugmaschine verwendet.

Zweiseitenkipper ZK 45

Anzahl der Achsen	2
Reifengröße	300/80 – 15,3
Bremssystem	Auflaufbremse VA
Feststellbremse	Handhebelbremse VA
Spurbreite	1650 mm
Federung / Achsausgleich	Blattfeder
Material Fahrgestell	Stahl
Material Aufbau	Stahl/Holz
Zusatzausstattung	zweiseitig kippbare Ladefläche, Gitteraufbau zum Ballentransport
Energieversorgung	Hydraulik Handpumpe
Ladekapazität	5700 kg
Hersteller	Fristein
Ankuppelsystem an der Front	Zugöse 40 mm Traktor
Deichsel	Drehkranzdeichsel
Ankuppelsystem am Heck	Zugmaul

Das Fahrwerk dieses Anhängers ist in Stahlbauweise ausgeführt. Der Aufbau ist in Holz mit Metallbeschlägen gearbeitet. Die Bremse wird über eine Auflaufeinrichtung betätigt. Als Energieversorgung für die nach zwei Seiten kippbare Ladefläche kommt eine Handhydraulikpumpe zum Einsatz, welche an der vorderen Bordwand montiert ist. Als Zusatzausstattung hat dieser Anhänger einen Stahlaufbau in Gitterform. In dieses Gitter werden zu kleinen Ballen gepresstes Heu und Stroh verladen. Durch das Gitter erhöht sich das Ladevolumen deutlich, und durch die Form des Gitters kann auf eine zusätzliche Ladungssicherung verzichtet werden.

Dreiseitenkipper DK8

Anzahl der Achsen	2
Reifengröße	12.50 R 20
Bremssystem	Auflaufbremse VA
Feststellbremse	Handhebelbremse VA
Spurbreite	1750 mm
Federung / Achsausgleich	Blattfeder
Material Fahrgestell	Stahl
Material Aufbau	Stahl/Holz
Zusatzausstattung	dreiseitig kippbare Ladefläche
Energieversorgung	Hydraulik Handpumpe
Ladekapazität	8000 kg
Hersteller	Fristein
Ankuppelsystem an der Front	Zugöse 40 mm Traktor
Deichsel	Drehkranzdeichsel
Ankuppelsystem am Heck	Zugmaul

Ein Stahlfahrgestell weist dieser Dreiseitenkipper auf. Der Aufbau des Anhängers ist aus Stahl gefertigt. Die zusätzliche Bordwanderhöhung besteht aus Holzbrettern. Durch diese Erhöhung wird das Ladevolumen erhöht. Für die Betätigung der Bremse kommt ein Auflaufsystem zum Einsatz. Die Feststellbremse wird über einen Handhebel bedient. Die Energieversorgung für das Kippen der Ladefläche ist bei diesem Anhänger aus zwei Varianten wählbar. Variante eins ist eine Handhydraulikpumpe, Variante zwei ist die Hydraulikanlage der Zugmaschine.

Dreiseitenkipper DK 45 1A

Anzahl der Achsen	2
Reifengröße	300/80- 15,3
Bremssystem	Auflaufbremse VA
Feststellbremse	Handhebelbremse VA
Spurbreite	1650 mm
Federung / Achsausgleich	Blattfeder
Material Fahrgestell	Stahl
Material Aufbau	Stahl/Holz
Zusatzausstattung	dreiseitig kippbare Ladefläche
Energieversorgung	Hydraulik Handpumpe
Ladekapazität	5700 kg
Hersteller	Fristein
Ankuppelsystem an der Front	Zugöse 40 mm Traktor
Deichsel	Drehkranzdeichsel
Ankuppelsystem am Heck	Zugmaul

Dieser Dreiseitenkipper basiert auf einem Fahrgestell aus Stahl. Für den Aufbau wurden Holzbretter und Metallbeschläge verwendet. Die Bremse wird über ein Auflaufsystem und einen Handhebel betätigt. Die Ladefläche ist beidseitig und nach hinten kippbar. Als Energiequelle für das Kippen der Ladefläche kommt die Hydraulikanlage der Zugmaschine zum Einsatz.

Zweiseitenkipper HW 80

Anzahl der Achsen	2
Reifengröße	16.00 - 20
Bremssystem	Druckluftbremse
Feststellbremse	Druckluftbremse
Spurbreite	1850 mm
Federung / Achsausgleich	Blattfeder
Material Fahrgestell	Stahl
Material Aufbau	Stahl
Zusatzausstattung	zweiseitig kippbare Ladefläche
Energieversorgung	Hydraulik
Ladekapazität	8550 kg
Hersteller	VEB Kraftfahrzeugbau Ernst Grube, Werdau
Ankuppelsystem an der Front	Zugöse 40 mm
Deichsel	Drehkranzdeichsel
Ankuppelsystem am Heck	Zugmaul

Das Fahrwerk dieses Kippers ist als Stahlfahrgestell ausgeführt. Der Aufbau ist ebenfalls aus Stahl gefertigt worden. Diese Version des HW 80 ist mit niedrigen Bordwänden ausgestattet, wodurch das Ladevolumen eingeschränkt wird. Beide seitlichen Bordwände öffnen sich beim Kippen der Ladefläche entsprechend zu welcher Seite die Schüttgüter abgeladen werden sollen. Die Bremse ist als Druckluftbremsanlage ausgeführt. Die Energie zum Kippen der Ladefläche kommt von der Hydraulikanlage der Zugmaschine.

Muldenkipper

Anzahl der Achsen	Tandemachse TDA
Reifengröße	650/55 R 26,5
Bremssystem	Druckluftbremse
Feststellbremse	Druckluftbremse
Spurbreite	1950 mm
Federung / Achsausgleich	Blattfeder
Material Fahrgestell	Stahl
Material Aufbau	Stahl
Zusatzausstattung	heckseitig kippbare Ladefläche, hydraulische Heckklappe
Energieversorgung	Hydraulik
Ladekapazität	14000 kg
Hersteller	Grotlüschen
Ankuppelsystem an der Front	Zugkugelkupplung 80
Deichsel	Starrdeichsel
Ankuppelsystem am Heck	-

Dieser Muldenkipper verfügt über ein Fahrgestell aus Stahl. Die Achse ist als Tandemachse ausgeführt. Der Aufbau, die so genannte Mulde, ist aus einem verschleißfesten Spezialstahl gebaut. Nach der Bezeichnung Mulde ist der Name Muldenkipper entstanden. Umgangssprachlich wird dieser unter den Traktoristen einfach nur Mulde genannt. Über eine Zugkugelkupplung 80 wird dieser Anhänger an die Zugmaschine angekuppelt. Die Bremse ist als Druckluftbremsanlage ausgeführt. Bei diesem Aufbau ist nur die hintere Bordwand klappbar ausgeführt, die vordere- und die seitlichen Bordwände sind fest miteinander verbunden. Das Entladen der Mulde ist nur nach hinten möglich, hieraus resultierend kann der Aufbau auch nur nach hinten gekippt werden Die hintere Bordwand kann zum Entladen der Ladefläche nach oben durch Hydraulikzylinder angehoben werden. Die Energie zum Anheben der hinteren Bordwand und zum Kippen der Ladefläche kommt von der Hydraulikanlage der Zugmaschine.

Dreiseitenkipper HKD 302

Anzahl der Achsen	2
Reifengröße	385/65 R 22,5
Bremssystem	Druckluftbremse
Feststellbremse	Handkurbelbremse HA
Spurbreite	1850 mm
Federung / Achsausgleich	Blattfeder
Material Fahrgestell	Stahl
Material Aufbau	Stahl
Zusatzausstattung	dreiseitig kippbare Ladefläche, Getreideauslauf am Heck
Energieversorgung	Hydraulik
Ladekapazität	9000 kg
Hersteller	Kröger
Ankuppelsystem an der Front	Zugöse 40 mm
Deichsel	Drehkranzdeichsel
Ankuppelsystem am Heck	Zugmaul

Dieser Dreiseitenkipper verfügt über ein Stahlfahrgestell. Der Aufbau des Anhängers ist aus Stahl gefertigt. Die seitlichen Wände und die hintere Bordwand können zum Be- und Entladen geklappt werden. An der hinteren Bordwand ist zusätzlich noch ein Schieber für die Entladung von Getreidekörnern integriert. Als weitere Zusatzausstattung ist ein Planensystem zum Abdecken der Ladung am Aufbau montiert. Um die Abdeckung zu öffnen und zu schließen, muss man auf die an der vorderen Bordwand angebrachte Arbeitsplattform steigen. Von hier aus lässt sich das Planensystem gut bedienen. Der Achsausgleich ist über Blattfederpakete gewährleistet. Über das Hydrauliksystem der Zugmaschine wird die Energie zum Kippen der Ladefläche zur Verfügung gestellt. Die Bremse ist als Druckluftbremse ausgeführt. Die Feststellbremse wird durch eine Kurbel betätigt.

Muldenkipper M 10235

Anzahl der Achsen	Tandemachse TDA
Reifengröße	650/55 R 26,5
Bremssystem	Druckluftbremse
Feststellbremse	Druckluftbremse
Spurbreite	1950 mm
Federung / Achsausgleich	Blattfeder
Material Fahrgestell	Stahl
Material Aufbau	Stahl
Zusatzausstattung	heckseitig kippbare Ladefläche, hydraulische Heckklappe
Energieversorgung	Hydraulik
Ladekapazität	16000 kg
Hersteller	Kröger
Ankuppelsystem an der Front	Zugkugelkupplung 80
Deichsel	Starrdeichsel
Ankuppelsystem am Heck	-

Dieser Muldenkipper verfügt über ein Fahrgestell aus Stahl. Die Achse ist als Tandemachse ausgeführt. Der Aufbau / Mulde ist aus einem verschleißfesten Spezialstahl gebaut. Über eine Zugkugelkupplung 80 wird dieser Anhänger an die Zugmaschine angekuppelt. Die Bremse ist als Druckluftbremsanlage ausgeführt. Bei diesem Aufbau ist nur die hintere Bordwand klappbar ausgeführt, die vordere Bordwand und die seitlichen Bordwände sind fest miteinander verbunden. Das Entladen der Mulde ist nur nach hinten möglich, hieraus resultierend kann der Aufbau auch nur nach hinten gekippt werden Die hintere Bordwand kann zum Entladen der Ladefläche nach oben durch Hydraulikzylinder angehoben werden. Die Energie zum Anheben der hinteren Bordwand und zum Kippen der Ladefläche kommt von der Hydraulikanlage der Zugmaschine. Als weitere Zusatzausstattung verfügt dieser Anhänger über eine hydraulisch betätigte Stütze an der Deichsel.

Zweiseitenkipper Schmidt

Anzahl der Achsen	2
Reifengröße	12.5/80 - 18
Bremssystem	Auflaufbremse VA
Feststellbremse	Handhebelbremse VA
Spurbreite	1750 mm
Federung / Achsausgleich	Blattfeder
Material Fahrgestell	Stahl
Material Aufbau	Stahl/Holz
Zusatzausstattung	zweiseitig kippbare Ladefläche
Energieversorgung	Hydraulik
Ladekapazität	8000 kg
Hersteller	Schmidt
Ankuppelsystem an der Front	Zugöse 40 mm
Deichsel	Drehkranzdeichsel
Ankuppelsystem am Heck	Zugmaul

Ein Stahlfahrgestell ist die Grundlage dieses Zweiseitenkippers. Der Aufbau in Kastenform ist aus Holzbrettern mit Beschlägen aus Stahl gefertigt worden. Als Zusatzausstattung weist dieser Anhänger eine Bordwanderhöhung auf. Hierdurch wird das Ladevolumen erhöht. An den seitlichen Bordwänden ist jeweils ein Kornschieber zum Entladen von Getreidekörnern integriert. Die Ladefläche ist nach beiden Seiten kippbar. Über die Hydraulikanlage der Zugmaschine wird die kippbare Ladefläche mit der nötigen Energie versorgt. Die Bremse wird über ein Auflaufsystem betätigt. Die Feststellbremse wird über einen Handhebel bedient. Für den Achsausgleich sorgen Blattfedersysteme.

Dreiseitenkipper DK 210 7,2

Anzahl der Achsen	2
Reifengröße	10.5/80 - 18
Bremssystem	Auflaufbremse VA
Feststellbremse	Handhebelbremse VA
Spurbreite	1750 mm
Federung / Achsausgleich	Blattfeder
Material Fahrgestell	Stahl
Material Aufbau	Stahl
Zusatzausstattung	dreiseitig kippbare Ladefläche, Getreideschieber am Heck
Energieversorgung	Hydraulik
Ladekapazität	7200 kg
Hersteller	Krone
Ankuppelsystem an der Front	Zugöse 40 mm
Deichsel	Drehkranzdeichsel
Ankuppelsystem am Heck	Zugmaul

Die Grundlage dieses Dreiseitenkippers ist ein Fahrgestell aus Stahl. Der Kastenaufbau ist ebenfalls aus Stahl gefertigt worden. Als Zusatzausstattung wurde an diesem Aufbau eine Bordwanderhöhung montiert. An der hinteren Bordwand ist ein Schieber zum Entladen von Getreide integriert. Die Bremse wird über eine Auflaufeinrichtung betätigt. Die Energie zum Kippen der Ladefläche kommt von der Hydraulikanlage der Zugmaschine.

Dreiseitenkipper DK 210 5,7

Anzahl der Achsen	2
Reifengröße	11.5/80 – 15,3
Bremssystem	Auflaufbremse VA
Feststellbremse	Handhebelbremse VA
Spurbreite	1750 mm
Federung / Achsausgleich	Blattfeder
Material Fahrgestell	Stahl
Material Aufbau	Stahl
Zusatzausstattung	dreiseitig kippbare Ladefläche, Getreideschieber am Heck
Energieversorgung	Hydraulik
Ladekapazität	5700 kg
Hersteller	Krone
Ankuppelsystem an der Front	Zugöse 40 mm
Deichsel	Drehkranzdeichsel
Ankuppelsystem am Heck	Zugmaul

Das Fahrwerk dieses Dreiseitenkippers ist in Stahlbauweise ausgeführt. Der Aufbau ist in Kastenform aus Stahl gebaut. Zusätzlich ist eine Bordwanderhöhung montiert worden. Hierdurch wurde das Ladevolumen erhöht. An der hinteren Bordwand ist ein Kornschieber integriert. Die Bremse arbeitet auf der Grundlage eines Auflaufsystems, wobei die Feststellbremse über einen Handhebel betätigt wird. Die nach drei Seiten kippbare Ladefläche bekommt die Energie von der Hydraulikanlage der Zugmaschine.

Zweiseitenkipper 2S 5,7

Anzahl der Achsen	2
Reifengröße	7.50 - 16
Bremssystem	Auflaufbremse VA
Feststellbremse	Handhebelbremse VA
Spurbreite	1750 mm
Federung / Achsausgleich	Blattfeder
Material Fahrgestell	Stahl
Material Aufbau	Stahl/Holz
Zusatzausstattung	zweiseitig kippbare Ladefläche
Energieversorgung	Hydraulik
Ladekapazität	5700 kg
Hersteller	Maack
Ankuppelsystem an der Front	Zugöse 40 mm
Deichsel	Drehkranzdeichsel
Ankuppelsystem am Heck	Zugmaul

Dieser Zweiseitenkipper verfügt über ein Stahlfahrgestell. Der Kastenaufbau, inklusive der Bordwandaufhängung, ist aus Holzbrettern gefertigt. Die Beschläge sind aus Metall. An der in Fahrtrichtung rechts angebrachten Bordwand ist ein Schieber zum Entladen von Getreide montiert. Zwischen den seitlichen Bordwänden kann zur zusätzlichen Stabilisierung eine Spannkette eingehakt werden. Die Bremse wird über ein Auflaufsystem betätigt. Die für das Kippen der Ladefläche benötigte Energie kommt von der Hydraulikanlage der Zugmaschine.

Dreiseitenkipper MDK 450

Anzahl der Achsen	1
Reifengröße	15.0/55 - 17
Bremssystem	Auflaufbremse
Feststellbremse	Handhebelbremse
Spurbreite	1700 mm
Federung / Achsausgleich	-
Material Fahrgestell	Stahl
Material Aufbau	Stahl
Zusatzausstattung	dreiseitig kippbare Ladefläche, Getreideschieber am Heck
Energieversorgung	Hydraulik
Ladekapazität	5600 kg
Hersteller	Mengele
Ankuppelsystem an der Front	Zugöse 40 mm
Deichsel	Starrdeichsel
Ankuppelsystem am Heck	Zugmaul

Dieser Einachsdreiseitenkipper basiert auf einem Stahlfahrgestell. Der Aufbau in Kastenform ist aus Stahl gefertigt. Als Zusatzausstattung ist eine umlaufende Bordwanderhöhung montiert. Hierdurch wird das Ladevolumen erhöht. An der hinteren Bordwand ist ein Kornschieber integriert. Die Bremse wird über ein Auflaufsystem betätigt. Während die Feststellbremse als Handhebelbremse ausgeführt ist. Die Energie zum Kippen der Ladefläche kommt von der Hydraulikanlage der Zugmaschine. Zur Abstützung des Fahrgestells ist an der Deichsel ein Stützrad montiert. Dieses wird über eine Handkurbel hoch und runter bewegt.

Dreiseitenkipper 2DK8

Anzahl der Achsen	2
Reifengröße	12.5/80 - 18
Bremssystem	Auflaufbremse VA
Feststellbremse	Handhebelbremse VA
Spurbreite	1700 mm
Federung / Achsausgleich	Blattfeder
Material Fahrgestell	Stahl
Material Aufbau	Stahl
Zusatzausstattung	dreiseitig kippbare Ladefläche, Getreideschieber am Heck
Energieversorgung	Hydraulik
Ladekapazität	8000 kg
Hersteller	Reisch
Ankuppelsystem an der Front	Zugöse 40 mm
Deichsel	Drehkranzdeichsel
Ankuppelsystem am Heck	Zugmaul

Bei diesem Dreiseitenkipper findet ein Stahlfahrgestell Verwendung. An der Unterseite des Fahrgestells ist eine Halterung für ein Ersatzrad angebracht. Der Aufbau ist ebenfalls aus Stahl hergestellt. Als Zusatzausstattung ist eine umlaufende Bordwanderhöhung angebaut. Hierdurch wird das Ladevolumen erhöht. Ein Kornschieber ist an der hinteren Bordwand integriert. An der vorderen Bordwand ist eine Halterung für eine Plane zum Abdecken des Kastenaufbaus angebracht. Durch die Energie der Hydraulikanlage der Zugmaschine wird die Ladefläche des Anhängers zum Kippen gebracht. Eine Auflaufeinrichtung sorgt für die Betätigung der Bremse. Die Feststellbrems ist als Handhebelbremse ausgeführt.

Kapitel 4

Fässer, Tankwagen und Co

Eines haben Wasserfass, Güllefass und Tankwagen gemeinsam. Mit ihnen werden Flüssigkeiten transportiert und anschließend die Ladung entladen. Dieses kann auf unterschiedlichste Art und Weise von statten gehen. In den Anfängen ist zu erwähnen, dass es vermutlich mit Ton- und oder Keramikgefäßen, Amphoren, begonnen hat. Diese Behältnisse wurden auf Anhänger geladen, um anschließend darin Flüssigkeiten zu transportieren. Schon die alten Römer haben mit dieser Methode Wein und Öl transportiert. Bei den damaligen, im Vergleich zu den heutigen, Straßenverhältnissen sind Gefäße aus Ton und Keramik doch sehr anfällig gegen Erschütterungen. Hierdurch können Risse entstehen, sogar die komplette Zerstörung der Behälter ist möglich. Mit der weiteren Entwicklung kamen dann Fässer aus Holz zum Einsatz. Diese sind unempfindlicher gegen Erschütterungen als die Gefäße aus Ton und Keramik. Für die Herstellung der Holzfässer wurden in den verschiedensten Ortschaften des Landes Handwerksbetriebe wie Bötcher und Küfer beauftragt. Diese sind aufgrund ihres Berufsbildes in der Lage, die Behälter aus Holz an die Bedürfnisse der Landwirte anzupassen. So wurden die Fässer üblicher Weise als längliche Zylinder ausgeführt. An einer Seite befindet sich an einem solchen Zylinder die Ablass/Entleerungsvorrichtung, bei Holzfässern meist ein einfacher Stopfen. Im oberen Bereich des Fasses, meist entgegengesetzt zum Ablauf, eine größere verschließbare Öffnung zum Befüllen des Fasses. Die Befüllung der Transportbehälter wurde in den Anfängen hauptsächlich mit Muskelkraft erledigt. Hierfür wurden die Flüssigkeiten mit kleinen Behältnissen einfach in die größeren Fässer umgefüllt. Auch die Schwerkraft wurde zum Befülllen der Fässer genutzt. Hierbei leitete man die Flüssigkeiten über Rinnen zur Einfüllöffnung des Fasses. Zum Ent-

Einachsanhänger mit Wasserbehälter. Die vordere Bordwand ist zur Aufnahme des Behälters in der Mitte ausgespart worden.

Zweiachsanhänger mit Behälteraufbau. An der Lenkachse ist der Druckluftspeicher der Bremsanlage zu sehen.

laden des Fasses konnte man den Verschluss aus der Ablassöffnung herausnehmen und die Flüssigkeit konnte aus dem Behälter kontrolliert in ein anderes Gefäß oder auf Acker oder Wiese entweichen. An der Entleerungsöffnung konnte auch ein Schlauch montiert werden, um die Flüssigkeit zielgenau zu entladen. Für die Ausbringung der Jauche/Gülle auf den Feldern wurde eine spezielle Vorrichtung entwickelt. Diese verteilt die Flüssigkeit gleichmäßig über eine gewisse Breite auf dem Feld. Der Durchfluss durch die Vorrichtung konnte über einen Hebel reguliert werden, je weiter die Vorrichtung geöffnet wird, desto schneller wurde die Flüssigkeit entladen. Um dem Wasserbedarf von Nutzvieh gerecht zu werden, hat man Vorrichtungen entwickelt, an denen das Vieh eigenständig die Wasserentnahme bei Bedarf steuern kann. Hier spricht man von einer Automatiktränke. Die Tiere können das Ventil, welches das Wasser freigibt, über Mund und Nase durch Herunterdrücken bedienen. Hierdurch läuft das Wasser über die Schwerkraft in die Tränke nach. Das Wasserfass kann durch diese Technik, völlig eigenständig als Viehtränke verwendet werden. Traktor und Personal sind lediglich zum (Nach-)Füllen des Fasses erforderlich. In seltenen Fällen wurden die bereits befüllten Fässer über Flaschenzüge angehoben, um mit dem Anhänger darunter zu fahren und dann das volle Fass auf die Ladefläche abzulassen. Nachdem das Fass auf dem Anhänger gegen Herunterrutschen gesichert war, konnte der Landwirt mit dem Transport der Flüssigkeit beginnen. Dadurch, dass die Fässer immer nur bei Bedarf auf den Anhängern montiert wurden, konnten die Anhänger weiterhin vielseitig eingesetzt werden. Auch im Bereich der Fasskonstruktion ging der Fortschritt immer weiter. So war es nicht verwunderlich, dass pfiffige Handwerker auf den Gedanken kamen, die Fässer nicht mehr aus Holz, sondern komplett aus Metall herzustellen. Diese wurden dann auch in die Tat umgesetzt. Zum Schutz vor Korrosion (Rostbildung) wurden die Fässer durch einen galvanischen Prozess mit einer Schicht aus Zink überzogen. Dieses Verfahren wird noch heute erfolgreich zum Schutz vor Korrosion eingesetzt. Die Lebensdauer eines solchen verzinkten Fasses ist schon sehr lange, da die Fässer bei pfleglichem Umgang fast unverwüstlich sind. Noch heute werden Fässer aus Metall eingesetzt und auch noch hergestellt. Die Fässer zum Tränken des Nutzviehs arbeiten noch heute nach dem Prinzip Automatiktränke und Schwerkraft. Lediglich das Fassungsvermögen der Fässer ist gestiegen. Da die privaten, hobbymäßigen Nutzviehhalter in den letzten zwei Jahrzehnten zugenommen haben, sind Eigenbauten der Privaten wieder auf dem Vormarsch. So werden heute auch Autoanhänger zum Wassertransport und als Tränkesystem umfunktioniert. Hierfür werden z.B. größere Kanister und IBC Container aus Kunststoff auf die Anhänger montiert und in diesen dann das Wasser für die Tiere auf die Weiden gefahren.

Bei der Weiterentwicklung von Jauche-Güllefässern hingegen hat die technische Verfeinerung verstärkt an Bedeutung gewonnen. Anders als bei den Fässern zum Wassertransport werden die Fässer zum Transport und zur Ausbringung des Flüssigdüngers (Jauche und Gülle) heute fest auf den Anhängern verbaut. Diese Anhänger werden ausschließlich für diese eine Aufgabe konstruiert und hergestellt. Zusätzlich zu den Behältern werden auch die Maschinenkomponenten zum Be- und Entladen der Flüssigkeiten direkt auf die Anhänger aufgebaut und mit den Behältern dauerhaft verbunden. Angetrieben werden diese Maschinenkomponenten über die Zapfwelle am Traktor.

Auf der einen Seite ist das Vakuumsystem zu nennen. Dieses arbeitet, wie der Name schon Preis gibt, mit einem Vakuum, welches mit einer Vakuumpumpe erzeugt wird. Diese Pumpe erzeugt einen Unterdruck im Behälter des Anhängers. Durch diesen Unterdruck wird die Flüssigkeit in den Behälter gesaugt, ähnlich wie bei einem Staubsauger der Staub aufgesaugt wird. Vakuumfässer müssen sehr formstabil konstruiert werden, um dem Druck im inneren des Fasses standzuhalten. Als Material wird hier meistens verzinkter Stahl verwendet. Beim Vakuumfass gibt es zwei Varianten, um die Flüssigkeit zu entladen. Einmal kann man hierfür die

Zugöse mit 40 mm Innendurchmesser eines Einachsanhängers. Auf der Deichsel ist der Handbremshebel zu sehen.

Schwerkraft nutzen. Durch Öffnen des Verschlusses am Behälter und einer zusätzlichen Öffnung am Fass, durch welche dann die Luft wieder in das Innere des Fasses gelangen kann, lässt man die Flüssigkeit austreten. Bei einigen Anhängern kann durch das Umstellen von Ventilen die Vakuumpumpe zum Erzeugen eines Überdrucks in dem Behälter benutzt werden. Durch diesen Überdruck gelangt die Flüssigkeit dann über die Ablassöffnung in Verteilersysteme und wird somit auf den Feldern verteilt. Im Gegensatz zur Nutzung der Schwerkraft kann mit der Entladung in der Überdrucktechnik die Arbeitsbreite der Ausbringung der Flüssigkeit deutlich erhöht werden.

Als anderes System eines Güllefasses ist die Variante des Pumptankwagens zu nennen. Anstelle der Vakuumpumpe, die ausschließlich Luft befördert, wird hier eine Pumpe zum Fördern von Flüssigkeiten verwendet. Mit dieser Pumpe wird die Gülle direkt aus dem Vorratsbehälter des landwirtschaftlichen Betriebs in das Güllefass gepumpt. Da im inneren des Fasses eines Pumptankwagens keine hohen Drücke entstehen, können die Behälter hier durchaus aus Kunststoff hergestellt werden. Da der Kunststoff wesentlich leichter ist als Stahl, erhöht sich bei dieser Art der Güllefässer die Nutzlast. Durch Umstellen von Ventilen an der Pumpe wird diese auch für das Entladen der Gülle genutzt, ohne die Drehrichtung der Pumpe zu verändern.

In der Verteiltechnik gibt es verschiedene Möglichkeiten. Hier werden unter anderem Schwenkverteiler verwendet. Diese schwenken durch den von der Pumpe erzeugten Überdruck der Gülle am hinteren Ende des Anhängers um 180 Grad von links nach rechts und umgekehrt. In der Schwenkbewegung wird die Gülle gleichmäßig innerhalb der Arbeitsbreite verteilt. Eine andere Möglichkeit der Verteilung ist die Verwendung eines Prallkopfverteilers. Bei dieser Variante trifft die Gülle aufgrund des Überdrucks auf ein im 90-Grad-Winkel angebrachten Stahlblech. Durch den Aufprall auf das Blech wird die Gülle seitlich und nach unten geleitet und in der Arbeitsbreite des Güllefasses ausgebracht. Eine weitere Möglichkeit besteht darin, die Gülle über Schläuche gleichmäßig in der Arbeitsbreite direkt über dem Boden auszubringen. Hierbei ist die Geruchsbildung wesentlich geringer als bei den vorher aufgeführten Möglichkeiten. Auch eine direkte Einbringung der Gülle ist mit der Schlauchtechnik möglich. Hierbei wird die Gülle direkt von den Schaaren eines Grubbers oder einer Scheibenegge auf den Boden ausgebracht. Die Schaare arbeiten die Gülle dann direkt in den Boden ein. Diese Variante bietet sich für noch nicht bestellte Äcker an. Jedoch ist durch den erhöhten Zugkraftbedarf, zwei Arbeitsschritte werden in einem Arbeitsgang erledigt, in der Arbeitsbreite Grenzen gesetzt.

In die Gruppe der Anhänger zum Transport und der Ausbringung von Flüssigkeiten gehören auch die fahrbaren Pflanzenschutzsysteme. Diese Systeme sind auch unter dem Begriff Anhängespritzen bekannt. Bereits die Holzfässer, die auf die Anhänger montiert wurden, wurden zum Transport und zur Ausbringung von Pflanzenschutzmitteln eingesetzt. Das Prinzip ist denkbar einfach. An der Ablassöffnung des Fasses wurde ein Schlauch montiert. Dieser Schlauch hatte an dem Ende, welches nicht am Fass montiert war, ein handbetätigtes Ventil mit einer Tülle ähnlich wie bei einer Gießkanne. Auf dem Hof wurde das Fass mit Wasser befüllt. Durch die Zugabe von Herbiziden und/oder Pestiziden wurde ein anwendungsfähiges Pflanzenschutzmittel erzeugt. Dieses wurde dann mit dem Fass auf einem Anhänger auf das Feld gefahren. Dort wurden die Pflanzen dann punktuell durch die Abgabe des Pflanzenschutzmittels über Schlauch und Tülle behandelt. Wenn der Aktionsradius des Schlauches abgearbeitet war, fuhr man den Anhänger weiter und die Behandlung der Pflanzen konnte weiter fortgesetzt werden. Bei diesem System haben sich die Landwirte für die Endladung, Ausbringung des Pflanzenschutzmittels die Schwerkraft zu Nutze gemacht. Einige talentierte Landwirte und Dorfschmiede entwickelten dieses Verfahren weiter, indem sie an den Auslauf des Fasses hinter das Ablassventil ein Rohrsystem mit kleinen Tüllen. Durch diese kleinen Tüllen konnte das Spritzmittel durch Einwirkung der Schwerkraft relativ gleichmäßig auf eine Breite von etwa 3 Metern verteilt werden. Nach dem Öffnen des Ablassventils wurde die Fahrt auf dem Acker einfach fortgesetzt. Hierdurch konnten die Pflanzen durch Hin- und Herfahren mit dem Anhänger Streifen für Streifen behandelt werden.

In der weiteren Entwicklung kamen dann die ersten Pumpen innerhalb der Spritzsysteme zum Einsatz. Anfänglich wurden hier Handpumpen verwendet. Durch die Betätigung der Handpumpen wurde der komplette Behälter unter Druck gesetzt. Die Behälter waren jetzt in der Lage ein gewisses Maß an Überdruck auszuhalten. Die Tüllen an den Rohrgestängen sind durch kleine Düsen ausgetauscht worden. Durch das Zusammenspiel dieser Neuerungen konnte das Spritzmittel

Einachsanhänger mit aufgebautem Wasserfass. An der Deichsel ist ein Stützrad montiert. Um den gesamten Inhalt nutzen zu können, ist das Stützrad unterbaut worden. Hierdurch läuft das Wasser per Schwerkraft zum Auslauf am Heck des Anhängers.

wesentlich feiner und besser dosiert ausgebracht werden. Ab hier spricht man dann vom Versprühen des Spritzmittels. Aufgrund des Drucks in den Spritzsystemen konnte das Rohrgestänge mit den Düsen verlängert/erweitert werden, demzufolge wurde auch die Arbeitsbreite erhöht. Mit dem technischen Fortschritt in der Maschinentechnik wurden die Pumpen immer leistungsfähiger, aber auch komplexer. So mussten die Pumpen nun über die Zapfwelle durch die Energie des Traktors angetrieben werden. Die neuen Pumpem setzten nur noch die Flüssigkeit im Rohrsystem, auch Spritzengestänge genannt, unter Druck. Hierdurch musste der Behälter nicht mehr druckdicht ausgeführt werden. Durch das Umschalten von Ventilen an der Pumpe konnte sogar das Vermischen des Wassers mit dem Pflanzenschutzmittel über die Pumpe ausgeführt werden. Im Laufe der Zeit wurden die zu bewirtschafteten Felder immer größer. Die fahrbaren Spritzsysteme wurden immer wieder auf die neuen Gegebenheiten angepasst. Behältergröße, Pumpenleistung und Arbeitsbreite wurden erhöht. Dieses war aber nur möglich, da sich in dieser Zeit auch die Leistungsfähigkeit der Traktoren erhöht hatte. In dieser Zeit der schnellen industriellen Fortentwicklung sind auch die ersten Behälter aus GFK, glasfaserverstärkten Kunststoffen, entstanden. Durch die geringere spezifische Dichte dieses Werkstoffes gegenüber Holz und Metall verringerte sich das Gewicht der Behälter deutlich. Hierdurch konnte die Nutzlast der Spritzanhänger gesteigert werden. Heute sind durch den technischen Fortschritt und den Einzug der Computertechnologie in die Maschinentechnik Arbeitsbreiten bis 40 Meter möglich. Es können während des Betriebes der Spritzsysteme einzelne Düsen verschlossen werden. Hierdurch kann man beispielsweise die Fahrspuren in den Getreidefeldern aussparen, wodurch das Spritzmittel nur dort eingesetzt wird, wo seine Wirkung entfalten soll. Über die Bordcomputer und GPS Geräten von Traktor und Spritzsystem wird gewährleistet, dass keine Pflanze auf der Anbaufläche ausgespart, beziehungsweise doppelt behandelt wird.

Güllefass DLP 612

Anzahl der Achsen	Tandemachse TDA
Reifengröße	710/50 R 26,5
Bremssystem	Druckluftbremse
Feststellbremse	Druckluftbremse
Spurbreite	1950 mm
Federung / Achsausgleich	Blattfeder
Material Fahrgestell	Stahl
Material Aufbau	Stahl
Zusatzausstattung	Förderpumpe, Ablassventil hydraulisch
Energieversorgung	Zapfwelle, Hydraulik
Ladekapazität	9000 Liter
Hersteller	BSA
Ankuppelsystem an der Front	Zugöse 40 mm Traktor
Deichsel	Starrdeichsel
Ankuppelsystem am Heck	-

Dieser Anhänger mit aufgebautem Güllefass verfügt über ein Stahlfahrgestell. An der Deichsel ist eine Abstützung angebracht. Diese wird über eine Kurbel in der Höhe verstellt. Der Aufbau, in diesem Fall das Fass, ist aus Stahl hergestellt worden. Zum Be- und Entladen des Fasses ist ein Pumpensystem am Anhänger montiert. Dieses System bezieht seine zum Antrieb benötigte Energie von der Zapfwelle der Zugmaschine. Das Ablassventil des Fasses wird über das Hydrauliksystem der Zugmaschine bedient. Eine weitere Art der Befüllung bietet die zusätzlich angebrachte Domöffnung an der Oberseite des Fasses. Hier kann die Gülle über eine separate Pumpe eingebracht werden. Die Bremse ist als Druckluftbremsanlage ausgeführt.

Güllefass MB 60

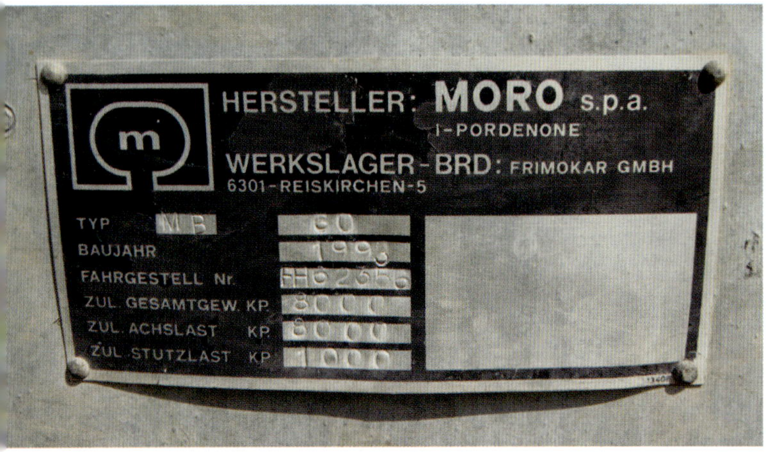

Anzahl der Achsen	Tandemachse TDA
Reifengröße	15.0/70 - 18
Bremssystem	Auflaufbremse
Feststellbremse	Handhebelbremse
Spurbreite	1950 mm
Federung / Achsausgleich	Blattfeder
Material Fahrgestell	Stahl
Material Aufbau	Stahl
Zusatzausstattung	Förderpumpe, Steuerventil hydraulisch
Energieversorgung	Zapfwelle, Hydraulik
Ladekapazität	6000 Liter
Hersteller	Moro
Ankuppelsystem an der Front	Zugöse 40 mm Traktor
Deichsel	Starrdeichsel
Ankuppelsystem am Heck	-

Das Fahrgestell dieses Anhängers ist in Stahlbauweise mit Tandemachse ausgeführt. Das Fass an sich ist ebenfalls aus Stahl hergestellt worden. Als Korrosionsschutz ist der Behälter verzinkt. Zum Befüllen und zum Entleeren des Fasses wird die an der Deichsel verbaute Pumpe genutzt. Zusätzlich kann zum Befüllen auch die Öffnung an der Oberseite des Behälters genutzt werden. Die Verteilung der Gülle ist durch einen Pendelverteiler gewährleistet. Durch eine Auflaufeinrichtung wird die Bremse betätigt. Als Energielieferant für Pumpe wird die Zapfwelle für die Ventile die Hydraulikanlage der Zugmaschine genutzt. An den Seiten des Behälters sind Halterungen für Saugschläuche montiert.

Wasserfass

Anzahl der Achsen	1
Reifengröße	8,3/8 - 24
Bremssystem	Handhebelbremse
Feststellbremse	Handhebelbremse
Spurbreite	1550 mm
Federung / Achsausgleich	-
Material Fahrgestell	Stahl
Material Aufbau	Stahl
Zusatzausstattung	Tränksystem
Energieversorgung	-
Ladekapazität	1500 Liter
Hersteller	unbekannt
Ankuppelsystem an der Front	Zugöse 40 mm Traktor
Deichsel	Starrdeichsel
Ankuppelsystem am Heck	-

Ein Stahlfahrgestell findet bei diesem Wasserfass Verwendung. Es ist als Einachsanhänger ausgeführt. An der Deichsel ist ein Stützrad angebracht. Der Behälter an sich besteht aus verzinktem Stahl. An der Oberseite ist ein Schacht mit Deckel angebracht. Durch diese Öffnung wird der Behälter befüllt. Als Entleerungseinrichtung ist ein Tränksystem für Vieh angebracht. Als Bremse fungiert hier eine Handhebelbremse. Am Heck des Fasses ist eine zusätzliche Abstützungsmöglichkeit angebracht.

Wasserfass

Anzahl der Achsen	1
Reifengröße	355/80 - R20
Bremssystem	-
Feststellbremse	-
Spurbreite	1500 mm
Federung / Achsausgleich	-
Material Fahrgestell	Stahl
Material Aufbau	Stahl
Zusatzausstattung	Tränksystem
Energieversorgung	-
Ladekapazität	2000 Liter
Hersteller	unbekannt
Ankuppelsystem an der Front	Zugöse 40 mm Traktor
Deichsel	Starrdeichsel
Ankuppelsystem am Heck	-

Dieser einachsige Anhänger verfügt über ein Stahlfahrgestell. Das Fass ist aus verzinktem Stahl hergestellt worden. An der Deichsel ist ein Stützrad angebracht. Als Entleerungsvorrichtung dient ein Tränksystem, welches durch einen zusätzlichen Bügel vor Beschädigungen geschützt ist. Zum Befüllen wird die verschließbare Öffnung an der Oberseite des Behälters genutzt. Bei diesem Anhänger ist keinerlei Bremseinrichtung verbaut. Im von der Zugmaschine abgekuppelten Zustand wird der Anhänger mit Unterlegkeilen gegen unbeabsichtigtes Wegrolllen gesichert.

Wasserfass

Anzahl der Achsen	1
Reifengröße	12.5/80 - 18
Bremssystem	Auflaufbremse
Feststellbremse	Handhebelbremse
Spurbreite	1550 mm
Federung / Achsausgleich	-
Material Fahrgestell	Stahl
Material Aufbau	Stahl
Zusatzausstattung	Tränksystem
Energieversorgung	-
Ladekapazität	2500 Liter
Hersteller	unbekannt
Ankuppelsystem an der Front	Zugöse 40 mm Traktor
Deichsel	Starrdeichsel
Ankuppelsystem am Heck	Zugmaul

Dieses Wasserfass ist mit einem Stahlfahrgestell ausgestattet. Der Behälter besteht aus verzinktem Stahl. Das am Heck angebrachte Tränksystem dient als Entleerungseinrichtung. Zum Befüllen wird der an der Oberseite des Fasses angebrachte Schacht benutzt. Die Betätigung der Bremse erfolgt über ein Auflaufsystem. Als Feststellbremse fungiert eine Handhebelbremse. Unterhalb der Tränke ist das Zugmaul angebracht. Dieses dient zum Ankuppeln eines weiteren Anhängers. An der Deichsel ist eine Vorrichtung, zum Abstützen des Anhängers, montiert.

Wasserfass

Anzahl der Achsen	2
Reifengröße	10.00 R 20
Bremssystem	Druckluftbremse VA
Feststellbremse	Kurbel HA
Spurbreite	1350 mm
Federung / Achsausgleich	Blattfeder
Material Fahrgestell	Stahl
Material Aufbau	Stahl
Zusatzausstattung	Tränksystem
Energieversorgung	-
Ladekapazität	5000 Liter
Hersteller	unbekannt
Ankuppelsystem an der Front	Zugöse 40 mm Traktor
Deichsel	Starrdeichsel
Ankuppelsystem am Heck	-

Bei diesem Wasserfass dient ein ausgedientes Stahlfahrgestell von einem LKW-Anhänger. Der Achsausgleich ist hier durch Blattfederpakete gegeben. Der Aufbau ist ein ausgedientes Güllefass, bei dem die Pumpeneinheit entfernt wurde. Zum Befüllen des Behälters aus verzinktem Stahl wurde an der Oberseite ein Loch gebohrt. Als Entleerungseinrichtung ist ein handelsüblicher Wasserhahn mit Schlauchanschluss montiert worden. Hierdurch kann das Wasser für mehrere Anwendungen, hier der Anschluss an ein Tränksystem, genutzt werden. Die Bremse wird über das Druckluftsystem der Zugmaschine betätigt.

Wasserfass

Dieser Anhänger basiert auf einem Fahrgestell aus Stahl. Als Aufbau wird ein Flüssigkeitsbehälter aus verzinktem Stahl verwendet. An der Deichsel ist eine Abstützeinrichtung montiert. Die Befüllung erfolgt über die Öffnung an der Oberseite des Fasses. Zum Entleeren ist ein Ablaufhahn montiert. Am Anhänger wurde keine Bremse verbaut.

Anzahl der Achsen	1
Reifengröße	6.00 - 16
Bremssystem	-
Feststellbremse	-
Spurbreite	1350 mm
Federung / Achsausgleich	-
Material Fahrgestell	Stahl
Material Aufbau	Stahl
Zusatzausstattung	Tränksystem
Energieversorgung	-
Ladekapazität	1000 Liter
Hersteller	unbekannt
Ankuppelsystem an der Front	Zugöse 40 mm Traktor
Deichsel	Starrdeichsel
Ankuppelsystem am Heck	-

Wasserfass

Anzahl der Achsen	1
Reifengröße	12.5/80 - 18
Bremssystem	Handhebelbremse
Feststellbremse	Handhebelbremse
Spurbreite	1550 mm
Federung / Achsausgleich	-
Material Fahrgestell	Stahl
Material Aufbau	Stahl
Zusatzausstattung	Tränksystem
Energieversorgung	-
Ladekapazität	2500 Liter
Hersteller	unbekannt
Ankuppelsystem an der Front	Zugöse 40 mm Traktor
Deichsel	Starrdeichsel
Ankuppelsystem am Heck	Zugmaul

Auf diesen Einachsanhänger mit Stahlfahrgestell mit kastenförmigem Holzaufbau wurde ein Wasserfass aus verzinktem Stahl montiert. Der Anhänger verfügt über eine Handhebelbremse. An dem Wasserfass ist zur Entleerung ein Tränksystem angebaut. Die Befüllung erfolgt durch die Öffnung an der Oberseite des Behälters.

Kapitel 5

Maschinen für Land- und Forstwirtschaft auf Fahrgestellen

Kommen wir nun zu den Maschinen mit Verwendung in der Land-und Forstwirtschaft, die fest auf Anhängern, Fahrgestellen verbaut sind. Schon sehr früh in der Entwicklung der Anhänger hat man einen Weg gewählt, bei der eine Maschine auf einen Anhänger aufgebaut wurde. Schon für die Zugtiere hat es Mähmaschinen, Kartoffelsetzgeräte, Kartoffelroder, Pflüge, Heuwender, Drillmaschinen usw. gegeben. Diese Maschinen wurden meistens über die eigenen Räder angetrieben. Hierbei wurde die Energie, die beim Ziehen des Anhängers entstanden ist, über Zahnräder und Ketten an die Maschine übertragen. Es gab aber auch Modelle, bei denen in der Achse des Anhängers ein Getriebe verbaut war, welches die Energie dann an die Maschine weitergegeben hat. Zum Transport der Maschinen auf Straßen und Wegen konnte die Energieübertragung mechanisch unterbrochen werden.

Bei der Dreschmaschine wurde als Schnittstelle zum Energieeintritt in die Maschine eine Riemenscheibe gewählt. Als Energieerzeuger wurden hier Lokomobile und, wo vorhanden, stationäre Dampfmaschinen eingesetzt. Wo verfügbar, wurde auch Wasserkraft zum Antrieb der Maschinen eingesetzt. Zwischen die Riemenscheiben von Energieerzeuger und Energieverbraucher, in diesem Fall die Dreschmaschine, wurde ein Flachriemen aufgelegt und auf Spannung gebracht. Die Drehbewegung übertrug sich nun auf den Flachriemen, der die Drehbewegung in eine geradlinige Bewegung umwandelte. An der Riemenscheibe des Verbrauchers wurde diese Energie dann wieder in eine Drehbewegung umgewandelt und stand für die Maschine zur Verfügung. In der Maschine wurde die Energie dann über verschiedene Übersetzungen und Getriebe an die einzelnen Maschinenkomponenten verteilt. Die Übersetzungen bestehen aus Riemen-

Dungstreuer als Einachsanhänger ausgeführt. Am Heck befindet sich unter der Abdeckung das Streuwerk, um den Dung auf dem Feld zu verteilen.

Mobiles Sägewerk mit Deutz-Traktor. Dieser Traktor dient als Energiequelle für das Sägewerk und ist über einen Flachriemen mit dem Sägewerk verbunden.

und Kettentrieben, wohingegen die Getriebe mit Zahnrädern arbeiten.
Mit dem Aufkommen der ersten Traktoren wurden diese Maschinen so umgebaut, dass sie auch von einem Traktor gezogen werden konnten. Da die Traktoren zum großen Teil schon in ihren Anfängen mit Riemenscheibe und Zapfwelle ausgerüstet waren, lösten sie als Energielieferant für die Land- und Forstmaschinen die Dampfmaschinen nach und nach ab. Traktoren sind in der Lage, die Maschinen während der Fahrt und im Stehen mit der nötigen Energie zu versorgen. Während der Fahrt wurde ausschließlich die Zapfwelle mit angekoppelter Gelenkwelle als Energieüberträger genutzt. Beim Betreiben der Maschinen im Stand sind beide Varianten, Riemenscheibe oder Zapfwelle, möglich. Mit der Weiterentwicklung der Traktoren kommen weitere Möglichkeiten der Energieversorgung der Maschinen zum Tragen. Hier sind Luftdruck und Öldruck zu nennen. Bei den Luftdruckanlagen sprechen wir von Pneumatik und bei den Öldruckanlagen von Hydraulik. Beide Komponenten sind in der Lage, geradlinige- und kreisförmige Bewegungen zu erzeugen bzw. weiterzugeben.

Für den Antrieb von im Stand betriebenen Maschinen, z.B. Dreschmaschinen, Sägen, Pumpen usw., sind einige landwirtschaftliche Betriebe andere Wege gegangen. So ist im hessischen Bad Endbach-Günterod ein Anhänger bekannt, auf den bereits im Jahr 1920 ein Elektromotor mit Riemenscheibe für einen Flachriemen aufgebaut wurde. Dieser wurde anstelle einer Dampfmaschine eingesetzt. Otto Müller aus Bad Endbach fuhr mit dem Pferdefuhrwerk in den umliegenden Ortschaften umher und trieb mit dem Elektromotor Dreschmaschinen und Sägemaschinen an. Bis 1990 war der Anhänger bei den Nachfahren von Otto Müller in Betrieb. Obwohl es den Begriff Lohnunternehmer damals noch nicht gegeben hat, kann man Otto Müller durchaus als solchen beschreiben. Heute kann man den Anhänger im Freilichtmuseum Hessenpark, neben vielen anderen historischen Landmaschinen, besichtigen.
Die Konstruktion dieser Anhänger hat eine immer weiterführende Entwicklung erfahren. Hier ist man den Weg hin zu Sonderkonstruktionen gegangen. Mit den ursprünglichen Anhängern, die in diesem Buch bereits vorgestellt wurden, haben diese modernen Varianten nur noch wenig gemein-

sam. Lediglich am Fahrgestell finden wir Gemeinsamkeiten. Achsen mit Rädern, Bremssysteme und Kupplungssysteme an Front und Heck sind hier zu nennen. In der Konstruktion ist das Fahrgestell vollkommen auf die Funktion der aufgebauten Landmaschine ausgerichtet. Auch in der Antriebstechnik setzt man heute nicht mehr auf einen Energieüberträger, sondern man kombiniert die verschiedenen Möglichkeiten. Pneumatik, Hydraulik und Zapfwelle werden nebeneinander eingesetzt. Auch die Bedienelemente der Maschinen haben sich geändert. Wo früher noch mechanisch über verschiedenste Hebel und Handräder die Maschinen bedient wurden, hat heute die elektronische Steuerungstechnik Einzug gehalten. Hier wird über elektronische Bedien-und Steuerungselemente die Funktion der Maschine gesteuert und überwacht. In vielen Maschinen werden auch Computer eingesetzt, um die Steuerung der Maschinen zu übernehmen. Der Traktorist greift quasi nur noch manuell in Situationen ein, die im Automatikprogramm der Maschine nicht oder nicht zufriedenstellend abgearbeitet werden können. Die Steuerungselemente der Maschinen sind über Kabel mit

Ladewagen mit Ladevorrichtung zum Beladen des Anhängers mit kleinen Stroh- und Heuballen. Die Zugmaschine ist ein Deutz-Traktor.

Feuerwehranhänger mit einem Ferguson-Traktor als Zugmaschine.

dem Traktor und den dortigen Steuerungselementen verbunden. Somit kann der Traktorist direkt von seinem Führerstand aus die Maschine bedienen, überwachen und auch in den Arbeitsablauf direkt eingreifen. Durch die immer weitergehende technische Entwicklung im Maschinenbau werden heute auch mehrere Maschinen in Kombination auf einem Anhänger konzipiert. Rundballenpresse mit nachgeschalteter Wickelmaschine, Ladewagen mit integriertem Schneidwerk zum Zerkleinern des Schnittgutes oder kombinierte Säge und Spaltgeräte werden hier als Beispiel aufgeführt. Viele dieser hochtechnischen Maschinen sind heute bei großen land- und forstwirtschaftlichen Betrieben sowie bei Lohnunternehmen im Einsatz. Der Lohnunternehmer kann durch die optimale Nutzung der Möglichkeiten und Kapazitäten der fahrbaren Landmaschinen seine Arbeiten für die Landwirte kostendeckend und qualitativ hochwertig anbieten. Ein Lohnunternehmer bietet seine Arbeiten immer mehreren landwirtschaftlichen Betrieben an. Hierdurch braucht heute nicht mehr jeder Landwirt sämtliche Landmaschinen zur Bewirtschaftung seiner Felder vorzuhalten.

Drillmaschine

Anzahl der Achsen	2
Reifengröße	Eisenräder
Bremssystem	-
Feststellbremse	-
Spurbreite	2400 mm
Federung / Achsausgleich	Rohrsystem
Material Fahrgestell	Stahl
Material Aufbau	Stahl
Zusatzausstattung	Fest montierte Drillmaschine
Energieversorgung	Drillmaschine wird über ein verstellbares Getriebe, welches an das rechte Hinterrad verbaut ist, angetrieben
Ladekapazität	-
Hersteller	unbekannt
Ankuppelsystem an der Front	Aufnahme für Tierzug
Deichsel	Drehdeichsel
Ankuppelsystem am Heck	-

Dieser Anhänger verfügt über ein Fahrgestell aus Stahl. Die Hinterachse ist mit großen-, die Vorderachse mit kleinen Eisenrädern ausgerüstet. Das rechte Rad der Hinterachse dient neben dem Fahren des Anhängers auch zum Antrieb der Mechanik der Drillmaschine. Das Rad ist über ein Getriebe mit der Maschine verbunden. Am Getriebe kann je nach Getreideart die Saatmenge pro zurückgelegtem Weg der Maschine eingestellt werden. Somit ist eine optimale Saatdichte des Getreides auf dem Acker gewährleistet. Die Vorderachse ist als Lenkachse ausgeführt, für die Bedienung der Lenkung läuft der Maschinist hinter der Maschine her. Gezogen wird diese von Zugtieren, welche mit ihrem Geschirr an einem Haken an der Front des Anhängers verbunden werden.

Mähwerk

Anzahl der Achsen	1
Reifengröße	Eisenräder
Bremssystem	-
Feststellbremse	-
Spurbreite	1200 mm
Federung / Achsausgleich	-
Material Fahrgestell	Stahl
Material Aufbau	Stahl
Zusatzausstattung	Fest montiertes Balkenmähwerk
Energieversorgung	Balkenmähwerk wird über ein Getriebe, welches in der Achse verbaut ist, angetrieben. Der Antrieb kann über eine Kupplung zu- und abgeschaltet werden
Ladekapazität	-
Hersteller	Deering
Ankuppelsystem an der Front	Aufnahme für Tierzug
Deichsel	Starrdeichsel
Ankuppelsystem am Heck	-

Das Fahrwerk dieses Mähwerkes ist in einer Kombination aus Holz und Stahl hergestellt. Die hintere Achse ist mit einem Getriebe versehen. Dieses setzt die Drehbewegung der Eisenräder in eine lineare Bewegung zum Antrieb des Messers im Balkenmähwerk um. Zur Fortbewegung dieses Anhängers mit integriertem Mähwerk sind zwei Zugtiere vorgesehen. Der Maschinist der Maschine findet auf einem Sitz, welcher auf der Hinterachse montiert ist, seinen Arbeitsplatz. Für die Fahrten, wo das Mähwerk nicht zum Einsatz kommt, wird der Messerbalken hochgeklappt und über eine Kupplung vom Getriebe getrennt. Dieser Vorgang kann vom Maschinisten während der Fahrt über einen Hebel neben dem Sitz eingeleitet werden.

Anhängepflug

Anzahl der Achsen	1
Reifengröße	Eisenräder
Bremssystem	-
Feststellbremse	-
Spurbreite	1100 mm
Federung / Achsausgleich	-
Material Fahrgestell	Stahl
Material Aufbau	Stahl
Zusatzausstattung	Zweites Pflugschar
Energieversorgung	Durch das zweite Pflugschar ist ein Drehen des Pfluges am Ende des Ackers nicht mehr nötig. Beide Schare werden abwechselnd eingesetzt
Ladekapazität	-
Hersteller	unbekannt
Ankuppelsystem an der Front	Aufnahme für Tierzug
Deichsel	Starrdeichsel
Ankuppelsystem am Heck	-

Dieser Plug ist als Anhänger konstruiert worden. Es wird ein Stahlfahrgestell verwendet. Am Fahrgestell sind direkt zwei Pflugschare verbaut. Das komplette System wird von Zugtieren gezogen. Durch die spiegelnd angebauten Pflugschare ist ein Wenden des Anhängers am Ende des Ackers nicht notwendig. Hier werden die Zugtiere am anderen Ende einfach über einen Haken umgehangen. An beiden Seiten des Anhängers ist ein Bediengriff verbaut. Somit ist der Pflug vorwärts wie rückwärts im gleichen Umfang nutzbar.

Schneidwerkanhänger

Anzahl der Achsen	1
Reifengröße	10.0/75 – 15.3
Bremssystem	-
Feststellbremse	-
Spurbreite	1900 mm
Federung / Achsausgleich	-
Material Fahrgestell	Stahl
Material Aufbau	Stahl
Zusatzausstattung	-
Energieversorgung	-
Ladekapazität	2000 kg
Hersteller	Claas
Ankuppelsystem an der Front	Zugöse 40 mm Traktor
Deichsel	Starrdeichsel
Ankuppelsystem am Heck	-

Dieser Schneidwerkanhänger besitzt ein Stahlfahrgestell und ist als Einachsanhänger ausgeführt. Der Aufbau besteht ebenfalls aus Stahl und ist mit einer Aufnahme für ein Mähdrescherschneidwerk ausgerüstet. Die Länge der Deichsel ist auf die Gegebenheiten des Mähdreschers ausgelegt, um an das Zugmaul an der Hinterachse des Mähdreschers angekuppelt zu werden. Zusätzlich ist an der Deichsel ein Stützrad angebracht.

Schneidwerkanhänger

Anzahl der Achsen	1
Reifengröße	10.0/75 – 15.3
Bremssystem	Auflaufbremse
Feststellbremse	Handhebelbremse
Spurbreite	1900 mm
Federung / Achsausgleich	-
Material Fahrgestell	Stahl
Material Aufbau	Stahl
Zusatzausstattung	-
Energieversorgung	-
Ladekapazität	4000 kg
Hersteller	Claas
Ankuppelsystem an der Front	Zugöse 40 mm Traktor
Deichsel	Starrdeichsel
Ankuppelsystem am Heck	-

Dieser Schneidwerkanhänger in Einachsausführung basiert auf einem Fahrgestell aus Stahl. Der Aufbau ist aus Stahl und mit einer Aufnahme für ein Mähdrescherschneidwerk ausgerüstet. Zusätzlich ist als Aufbau ein Staufach integriert, worin Werkzeug und Verschleißteile des Mähdreschers gelagert werden können. Die Deichsel ist genau auf die Ankuppelmöglichkeit an der Hinterachse des Mähdreschers abgestimmt. Zur Abstützung des Anhängers ist an der Deichsel ein Stützrad angebracht. Die Feststellbremse ist als Handhebelbremse ausgeführt.

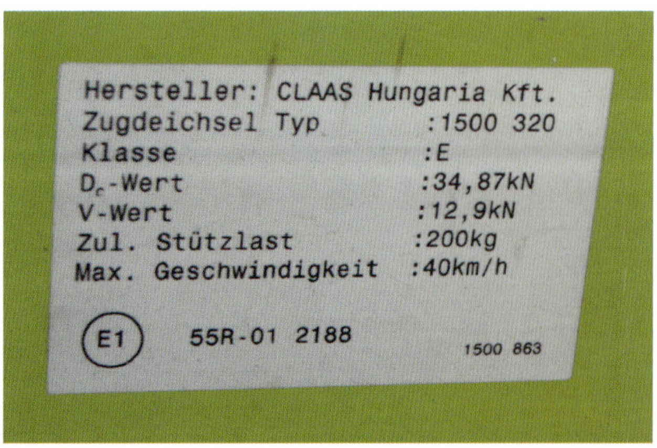

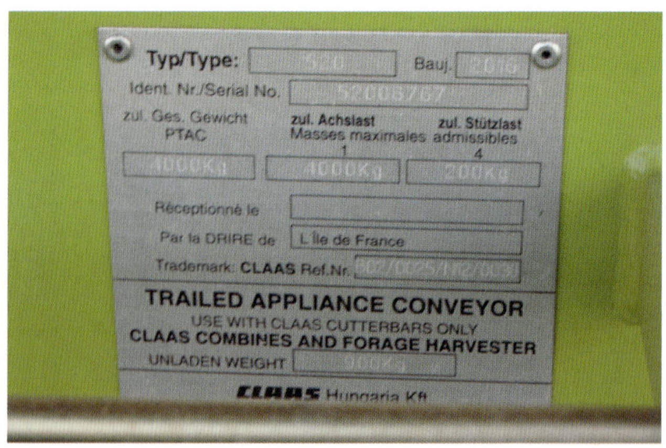

Schneidwerkanhänger

Anzahl der Achsen	2
Reifengröße	260/75 – 15.3
Bremssystem	Auflaufbremse
Feststellbremse	Handhebelbremse
Spurbreite	1900 mm
Federung / Achsausgleich	-
Material Fahrgestell	Stahl
Material Aufbau	Stahl
Zusatzausstattung	-
Energieversorgung	-
Ladekapazität	5200 kg
Hersteller	Claas
Ankuppelsystem an der Front	Zugöse 40 mm Traktor
Deichsel	Drehschemeldeichsel
Ankuppelsystem am Heck	-

Dieser zweiachsige Anhänger mit einem Stahlfahrgestell ist für den Transport eines Mähdrescherschneidwerks konstruiert worden. In den Aufbau kann somit passgenau ein Schneidwerk geladen werden. Aufgrund der Länge des zu transportierenden Schneidwerks ist der Anhänger als Zweiachsanhänger ausgelegt worden. Die Bremse wird durch eine Auflaufeinrichtung betätigt. Der Achsausgleich wird durch ein Rohrsystem gewährleistet.

Schneidwerkanhänger

Anzahl der Achsen	2
Reifengröße	205 R14 C VA, 11.5/80 – 15.3 HA
Bremssystem	Auflaufbremse VA
Feststellbremse	Handhebelbremse VA
Spurbreite	1900 mm
Federung / Achsausgleich	-
Material Fahrgestell	Stahl
Material Aufbau	Stahl
Zusatzausstattung	-
Energieversorgung	-
Ladekapazität	4500 kg
Hersteller	Claas
Ankuppelsystem an der Front	Zugöse 40 mm Traktor
Deichsel	Drehkranzdeichsel
Ankuppelsystem am Heck	-

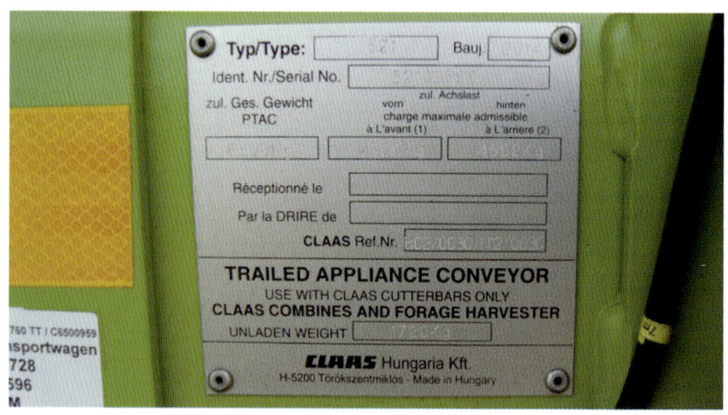

Das Fahrwerk dieses Anhängers ist als Stahlfahrgestell mit zwei Achsen gebaut worden. Der Stahlaufbau dient der Aufnahme eines Schneidwerks von einem Mähdrescher. Zusätzlich verfügt der Aufbau über ein Staufach zur Aufnahme von Werkzeugen und Verschleißteilen des Mähdreschers. Über eine Auflaufeinrichtung wird die Bremsanlage betätigt.

Anhänger mit Elektromotor

Anzahl der Achsen	2
Reifengröße	Eisenbereifte Holzräder
Bremssystem	Kurbelbremse HA
Feststellbremse	Kurbelbremse HA
Spurbreite	1700 mm
Federung / Achsausgleich	Rundholzsystem
Material Fahrgestell	Holz
Material Aufbau	Holz
Zusatzausstattung	Fest montierter Elektromotor mit Flachriemenscheibe
Energieversorgung	Starkstrom 380 Volt. Im Holzaufbau sind Flachriemen und Verlängerungskabel verstaut
Ladekapazität	2000 kg
Hersteller	unbekannt
Ankuppelsystem an der Front	Aufnahme für Tierzug
Deichsel	Drehschemeldeichsel
Ankuppelsystem am Heck	-

Der als geschlossener Kastenaufbau ausgeführte Anhänger basiert auf einem Holzfahrgestell, bei dem lediglich die Beschläge aus Metall gefertigt sind. Die Räder sind als eisenbereifte Holzräder ausgeführt. Bereits im Jahr 1830 wurde das Fahrgestell zum Transport einer Feuerwehrspritze bei der Feuerwehr Bischoffen angeschafft. Im Jahr 1920 wurde das Fahrgestell von einem Lohnunternehmer in Bad Endbach erworben. Dieser fertigte einen neuen Aufbau für den Anhänger. Bei der Konstruktion des neuen Aufbaus drehte sich alles um den Einbau eines Elektromotors mit der Leistung von 11 Kilowatt. Der Elektromotor ist mit einer Flachriemenscheibe ausgestattet. In dem Kastenaufbau, der auch über ein Dach verfügt, fanden neben dem Elektromotor auch das Zubehör des Motors wie Flachriemen, Riemenscheiben, Werkzeuge und Verschleißteile Platz. Der Lohnunternehmer nutzte den Anhänger, um auf den Bauernhöfen der Region um Bad Endbach die Dienste seiner Dreschmaschine und seines mobilen Sägewerks anzubieten. Die Bremsen an Vorder- und Hinterachse werden über Kurbeln betätigt.

Ladewagen Cargos 8400

Dieser Ladewagen verfügt über ein Fahrwerk aus Stahl. Zum Aufbau, der aus Stahl und Kunststoff gefertigt ist, gehören ein Kastenaufbau und eine Vorrichtung zur Aufnahme von Grassilage vom Boden. Diese Vorrichtung hat die Bezeichnung Pick-up. Nach der Aufnahme der Grassilage wird diese noch von einem Schneidwerk zerkleinert. Die Achse ist als Tandemachse ausgeführt. An der Deichsel ist eine Abstützvorrichtung montiert. Um den Anhänger zu entladen, wird die hintere Bordwand hydraulisch geöffnet. Danach wird der in die Ladefläche integrierte Kratzboden zugeschaltet und die Ladung wird zum Heck des Anhängers befördert und entladen. Als Energiequellen benötigt der Anhänger die Zapfwelle und die Hydraulikanlage der Zugmaschine. Die Bremse ist als Druckluftanlage ausgeführt.

Anzahl der Achsen	Tandemachse TDA
Reifengröße	710/50 R 26,5
Bremssystem	Luftdruckbremse TDA
Feststellbremse	Luftdruckbremse TDA
Spurbreite	2280 mm
Federung / Achsausgleich	Blattfeder
Material Fahrgestell	Stahl
Material Aufbau	Stahl/Kunststoff
Zusatzausstattung	Pickup mit Schneidwerk, Kratzboden hydraulisch, Heckklappe hydraulisch
Energieversorgung	Zapfwelle, Hydraulik
Ladekapazität	8400 kg
Hersteller	Claas
Ankuppelsystem an der Front	Zugkugelkupplung 80
Deichsel	Starrdeichsel
Ankuppelsystem am Heck	-

CLAAS
CARGOS

8400
CARGOS
CLAAS

Kartoffeldämpfer, Dämpfkolonne Hessenpark

Ein wichtiges Futtermittel für die Haltung von Tieren auf den Bauerhöfen war früher die Kartoffel. Um diese jedoch als Futter über einen längeren Zeitraum nutzbar zu machen, müssen die Kartoffeln nach der Ernte gedämpft und anschließend siliert werden. In früheren Jahren, etwa bis 1920, wurde in kleinen Kesseln auf den Bauernhöfen die Kartoffel gedämpft. Durch den immer höher werdenden Viehbestand auf den Höfen wurden auch immer größere Mengen an Viehfutter, in diesem Fall an gedämpften Kartoffeln, benötigt. Das Dämpfen der Kartoffeln in den kleinen Kesseln vor Ort reichte nicht mehr aus, man hatte einen Zeitpunkt erreicht, an dem die Kapazitäten völlig ausgereizt, beziehungsweise erschöpft waren. Also musste eine andere Vorgehensweise, mit größeren Kapazitäten zum Dämpfen der Kartoffeln, in Betracht gezogen werden.

Aufgrund des innovativen Denkens mancher Landwirte wurden einige Ideen zum Lösen dieser Herausforderungen beraten. Letztlich hat sich eine Lösung durchgesetzt, die eine mobile Kartoffeldämpfanlage auf einem Fahrgestell beinhaltete. Bei der Konstruktion zum Transport der Fahrgestelle wurde auf Flexibilität großen Wert gelegt. So konnten zum Transport neben Traktoren auch Zugtiere wie zum Beispiel Ochsen oder Pferde eingesetzt werden. Häufig hatten die Landwirte selbst nicht die Möglichkeiten solch eine Anlage herzustellen. Hilfe und Unterstützung fanden die Landwirte bei den örtlichen Schmiedebetrieben, wie sie zu dieser Zeit häufig in den Ortschaften anzufinden waren. Der Wasser/Dampfkessel und die Dämpfkessel wurden von auf Behälterbau speziali-

Anzahl der Achsen	2
Reifengröße	Eisenbereifte Holzräder
Bremssystem	Kurbelbremse VA
Feststellbremse	Kurbelbremse VA
Spurbreite	1700 mm VA, 1950 mm HA
Federung / Achsausgleich	Blattfeder
Material Fahrgestell	Stahl
Material Aufbau	Stahl/Holz
Zusatzausstattung	Fest montierte Kartoffeldämpfmaschine, inklusive Kartoffelreinigung. Zum Betrieb der Maschine wurden die Dämpfkessel abgeladen
Energieversorgung	Die Kartoffeldämpfmaschine wird mit Brennholz befeuert
Ladekapazität	4000 kg
Hersteller	unbekannt
Ankuppelsystem an der Front	Zugöse 40 mm Traktor Aufnahme für Tierzug
Deichsel	Drehschemeldeichsel
Ankuppelsystem am Heck	-

sierten Betrieben zugekauft. Die Schmiede haben dann aufgrund ihres technischen Know Hows das Fahrgestell für die Dämpfanlage hergestellt. Als Ergebnis ist eine mobile Dämpfanlage herausgekommen, die genau auf die Bedürfnisse der Landwirtschaft abgestimmt war. Im Volksmund wird solch eine mobile Dämpfanlage heute noch als Dämpfkolonne bezeichnet. Wurde vorher auf den Höfen mit einzelnen Kesseln bis zur Belastungsgrenze gearbeitet, so konnte jetzt mit dem gleichen Zeitaufwand eine erheblich größere Menge an Kartoffeln zu Futtermittel verarbeitet werden.

Am Anfang des Dämpfvorgangs steht die Reinigung. Hierzu wurden die Kartoffeln in einen Gitterbehälter eingefüllt. Anschließend wurde der Behälter in einen weiteren Behälter, der mit Wasser befüllt war, abgesenkt. Durch eine Drehbewegung des Gitterbehälters wurden die Kartoffeln vom Schmutz befreit und konnten weiter verarbeitet werden. Nach der Reinigung wurden die Kartoffeln in einen der Dämpfkessel eingefüllt. Die Kessel mit den eingefüllten Kartoffeln hatten einen Anschluss, an dem ein Schlauchsystem angeschlossen wurde. Das Herzstück des Schlauchsystems ist eine Verteilereinheit, durch die es möglich war, die einzelnen Dämpfkessel separat mit Wasserdampf zu beaufschlagen. Der Wasserdampf wurde in einem eigens hierfür konstruierten Kessel erzeugt. Hierdurch konnte parallel in mehreren Kesseln gedämpft werden. Zum Heizen des Dampfkessels wurde meistens Holz verwendet. Es sind aber auch mobile Dämpfanlagen bekannt, bei denen Heizöl oder Strom verwendet wurde. Die einzelnen Dämpfkessel mit den Kartoffeln konnten über kleine Fahrgestelle auf den Höfen bewegt werden. Durch diese Möglichkeit konnten die Kartoffeln direkt nach dem Dämpfen an den endgültigen Lagerort, das Kartoffelsilo, transportiert werden. Hier wurden die gedämpften Kartoffeln aus den Dämpfkesseln entladen und anschließend die Kessel wieder an die Dämpfanlage zurückgefahren. Nach der erneuten Befüllung mit gereinigten Kartoffeln wurde der Prozess der Dämpfung erneut gestartet. Mit einem guten Zeitmanagment stand immer mindestens einer der Dämpfkessel mit Kartoffeln unter Dampf. Der Wasserdampf, der im Hauptkessel erzeugt wurde, konnte kontinuierlich zum Dämpfen der Kartoffeln genutzt werden. Aus Sicherheitsgründen ist an den Anlagen ein Überdruckventil verbaut. Der allgemeine Betriebsdruck der Anlagen beträgt 0,5 kg/cm^2 (heute 0,5 bar). Bei einem höheren Druck benötigt der Maschinist der Anlage einen so genannten Heizerschein.

Um die Dämpfkolonnen zu transportieren, wurden alle Bestandteile auf bzw. am Anhänger verstaut und gesichert. Für die Fahrt unter Brücken hindurch konnte der hohe Schornstein in eine waagerechte Stellung herunter geklappt werden. Im Herbst, kurz nach der Kartoffelernte, hatten die Landwirte mit den mobilen Dämpfanlagen viel zu tun. Da nicht jeder landwirtschaftliche Betrieb über eine solche Anlage verfügte, fuhren diejenigen, die eine Anlage ihr eigen nennen konnten, von Hof zu Hof und dämpften die Kartoffeln.

Dämpfkolonne Laisa

Anzahl der Achsen	2
Reifengröße	5.00 – 15 VA, 10.00 – 20 HA
Bremssystem	Kurbelbremse HA
Feststellbremse	Kurbelbremse HA
Spurbreite	1800 mm VA
Federung / Achsausgleich	Blattfeder
Material Fahrgestell	Stahl
Material Aufbau	Stahl/Holz
Zusatzausstattung	Fest montierte Kartoffeldämpfmaschine, inklusive Kartoffelreinigung. Zum Betrieb der Maschine wurden die Dämpfkessel abgeladen
Energieversorgung	Die Kartoffeldämpfmaschine wird mit Heizöl befeuert
Ladekapazität	4000 kg
Hersteller	unbekannt
Ankuppelsystem an der Front	Zugöse 40 mm Traktor, Aufnahme für Tierzug
Deichsel	Drehschemeldeichsel
Ankuppelsystem am Heck	-

Dreschmaschinen

Diese Anhänger basieren auf einem Holfahrgestell mit Eisenreifen. Der Aufbau ist jeweils aus Holz- und Metallteilen gefertigt worden, die Dreschmaschine. Dieses sind komplexe technische Erzeugnisse. Das in Garben geerntete Getreide wird in die Dreschmaschine eingelegt. Hier wird in verschiedenen Arbeitsschritten innerhalb der Maschine die Getreidekörner von Stroh und Spelzen getrennt und separat gesammelt. Die Getreidekörner laufen über eine Vorrichtung in Säcke. Das Stroh und die Spelzen fallen hinter der Maschine auf den Boden. Der Antrieb der Maschinen erfolgt über einen Flachriemen. Dieser kann mit einem Elektromotor, einer Dampfmaschine oder einem Traktor mit Flachriemenscheibe verbunden sein. Den Transport der Maschinen haben Dampfmaschinen, so genannte Lokomobilen, Traktoren oder Zugtiere übernommen. Die Bremsen sind als Handhebelbremsen oder Kurbelbremsen ausgeführt.

Anzahl der Achsen	2
Reifengröße	Eisenräder
Bremssystem	Kurbelbremse HA
Feststellbremse	Kurbelbremse HA
Spurbreite	1900 mm
Federung / Achsausgleich	Rohrsystem
Material Fahrgestell	Stahl/Holz
Material Aufbau	Stahl/Holz
Zusatzausstattung	Fest montierte Dreschmaschine
Energieversorgung	Flachriemen
Ladekapazität	5000 kg
Hersteller	Dechentreiter
Ankuppelsystem an der Front	Zugöse 40 mm Traktor, Aufnahme für Tierzug
Deichsel	Drehschemeldeichsel
Ankuppelsystem am Heck	-

Westfalia

Feldspritze

Anzahl der Achsen	1
Reifengröße	Luftbereifte Eisenräder
Bremssystem	-
Feststellbremse	-
Spurbreite	1550 mm
Federung / Achsausgleich	-
Material Fahrgestell	Stahl
Material Aufbau	Stahl
Zusatzausstattung	Pumpe
Energieversorgung	Zapfwelle
Ladekapazität	900 kg
Hersteller	unbekannt
Ankuppelsystem an der Front	Zugöse 40 mm Traktor
Deichsel	Starrdeichsel
Ankuppelsystem am Heck	-

Diese Feldspritze ist mit einem Fahrgestell in Stahlbauweise als Einachsanhänger gebaut worden. Die Räder sind als luftbereifte Eisenräder ausgeführt. Der Aufbau besteht aus einem verzinkten Stahlfass mit einer Pumpeneinheit. Am Heck ist ein ausklappbares Gestell verbaut. An diesem sind Düsen zum Verspritzen von Pflanzenschutzmitteln verbaut. Die Befüllung erfolgt über eine Öffnung an der Oberseite des Behälters.

Mobiles Sägewerk

Anzahl der Achsen	1
Reifengröße	10.00 – 20
Bremssystem	-
Feststellbremse	-
Spurbreite	1650 mm
Federung / Achsausgleich	-
Material Fahrgestell	Stahl
Material Aufbau	Stahl
Zusatzausstattung	Fest montiertes Sägewerk
Energieversorgung	Flachriemen
Ladekapazität	4000 kg
Hersteller	unbekannt
Ankuppelsystem an der Front	Zugöse 40 mm Traktor
Deichsel	Starrdeichsel
Ankuppelsystem am Heck	-

Das mobile Sägewerk verfügt über ein Fahrgestell aus Stahl. Dieses ist als Einachsanhänger ausgeführt. Der Aufbau aus Stahl ist eine Maschine zum Sägen von Baumstämmen zu Brettern und Balken. Hierzu wird ein Baumstamm auf einem im Aufbau integrierten Fahrwagen eingespannt. Dieser Fahrwagen wird nun gleichmäßig an dem sich drehenden Sägeblatt vorbeigeführt und gesägt. Die Energieversorgung der Sägemaschine wird von einem Traktor mittels eines Flach-

riemens übertragen. Alternativ können hierfür auch Elektromotoren, Standmotoren oder Lokomobile, jeweils mit Flachriemenscheibe, eingesetzt werden. Um die Maschine zu stabilisieren, wird das Fahrgestell an der vorderen- und der hinteren Seite mit Böcken unterbaut. Der Transport der Maschine wird von Zugmaschinen übernommen.

Feuerwehranhänger

Anzahl der Achsen	1
Reifengröße	185 R 14 C
Bremssystem	-
Feststellbremse	-
Spurbreite	1850 mm
Federung / Achsausgleich	-
Material Fahrgestell	Stahl
Material Aufbau	Stahl/Kunststoff
Zusatzausstattung	Feuerwehrtechnische Beladung
Energieversorgung	-
Ladekapazität	800 kg
Hersteller	Metz
Ankuppelsystem an der Front	Zugöse 40 mm Traktor
Deichsel	Starrdeichsel
Ankuppelsystem am Heck	-

Anzahl der Achsen	1
Reifengröße	185 R 14 C
Bremssystem	-
Feststellbremse	-
Spurbreite	1800 mm
Federung / Achsausgleich	-
Material Fahrgestell	Stahl
Material Aufbau	Stahl/Holz
Zusatzausstattung	Feuerwehrtechnische Beladung
Energieversorgung	-
Ladekapazität	800 kg
Hersteller	Bachert
Ankuppelsystem an der Front	Zugöse 40 mm Traktor
Deichsel	Starrdeichsel
Ankuppelsystem am Heck	-

Die hier abgebildeten Einachsanhänger basieren auf einem Stahlfahrgestell. Der Aufbau ist aus Sperrholzplatten gefertigt worden, wobei die Rahmen aus Metall sind. Die geschlossenen Kastenaufbauten haben an jeder Seite Öffnungen, um im Brandfall schnell an die im Inneren deponierten feuerwehrtechnischen Gegenstände zu gelangen. Auch das Dach der Anhänger konnte für Beladungszwecke genutzt werden. Über eine Bremse verfügen die Anhänger nicht. Viele freiwillige Feuerwehren haben mit so einem Anhänger ihren Dienst aufgenommen. Da die Landwirte der damaligen Zeit meistens vor Ort ihre Arbeit verrichteten, wurden kurzer Hand deren Traktoren als Zugmaschinen für die Feuerwehranhänger eingesetzt.

Meterholzwagen

Anzahl der Achsen	1
Reifengröße	11.5/80 – 15.3
Bremssystem	Auflaufbremse
Feststellbremse	Handhebelbremse
Spurbreite	1900 mm
Federung / Achsausgleich	-
Material Fahrgestell	Stahl
Material Aufbau	Stahl
Zusatzausstattung	-
Energieversorgung	-
Ladekapazität	5500 kg
Hersteller	Marcel Ludwig
Ankuppelsystem an der Front	Zugöse 40 mm Traktor
Deichsel	Starrdeichsel
Ankuppelsystem am Heck	Zugmaul

Dieser vom Landwirt selbst gebaute Meterholzwagen beruht auf einem Stahlfahrgestell und ist als Einachsanhänger ausgeführt. Der Boden des Aufbaus besteht aus Holzbrettern und die Rungen aus Stahl. Die Bremse wird über eine Auflaufeinrichtung betätigt. Über einen Handhebel wird die Feststellbremse bedient. An der Deichsel ist ein Stützrad angebracht.

Meterholzwagen

Anzahl der Achsen	1
Reifengröße	11.5/80 – 15.3
Bremssystem	Handhebelbremse
Feststellbremse	Handhebelbremse
Spurbreite	1900 mm
Federung / Achsausgleich	-
Material Fahrgestell	Stahl
Material Aufbau	Stahl
Zusatzausstattung	Heckhydraulik
Energieversorgung	Hydraulik
Ladekapazität	4000 kg
Hersteller	Dennis Meyer
Ankuppelsystem an der Front	Zugöse 40 mm Traktor
Deichsel	Starrdeichsel
Ankuppelsystem am Heck	Dreipunkthydraulik

Der auf einem Stahlfahrgestell basierende Einachsanhänger, der Firma Dennis Meyer wird zum Transport von Meterholz genutzt. Als Aufbau fungiert ein Gestell aus Stahlrohren mit angebrachten Gitterwänden. Die Bremse sowie die Feststellbremse werden über einen Handhebel bedient. Am Heck des Anhängers ist als Zusatzausstattung eine Dreipunkthydraulik verbaut worden. Mit dieser ist es möglich, beispielsweise einen Holzspalter anzukuppeln und mitzuführen. Als weitere Zusatzausstattung ist am Fahrgestell ein Staufach aus Kunststoff angebracht.

Kalkstreuer

Anzahl der Achsen	1
Reifengröße	16.0/70 – 20
Bremssystem	Handhebelbremse
Feststellbremse	Handhebelbremse
Spurbreite	2000 mm
Federung / Achsausgleich	-
Material Fahrgestell	Stahl
Material Aufbau	Stahl
Zusatzausstattung	Bandförderer, Drehscheibenverteiler
Energieversorgung	Zapfwelle
Ladekapazität	8000 kg
Hersteller	unbekannt
Ankuppelsystem an der Front	Zugöse 40 mm Traktor
Deichsel	Starrdeichsel
Ankuppelsystem am Heck	-

Dieser Anhänger verfügt über ein Stahlfahrgestell. Der Aufbau besteht aus Stahl und ist in Muldenform ausgeführt. In die Ladefläche ist ein Förderband integriert, welches bei einer Entladung auf dem Feld den zuvor geladenen Kalk zum Heck des Anhängers befördert. Von hier aus wird der Kalk über die zwei sich gegenläufig drehenden Streuteller auf dem Feld verteilt. Die Streumenge kann über den an der hinteren Bordwand angebrachten Schieber reguliert werden. Als Energiequelle für den Anhänger wird die Zapfwelle der Zugmaschine genutzt.

Dungstreuer Knirps E

Anzahl der Achsen	1
Reifengröße	11.5 - 15
Bremssystem	Handhebelbremse
Feststellbremse	Handhebelbremse
Spurbreite	1650 mm
Federung / Achsausgleich	-
Material Fahrgestell	Stahl
Material Aufbau	Stahl/ Holz
Zusatzausstattung	Kratzboden, Streuwalzen
Energieversorgung	Zapfwelle
Ladekapazität	4000 kg
Hersteller	Kemper
Ankuppelsystem an der Front	Zugöse 40 mm Traktor
Deichsel	Starrdeichsel
Ankuppelsystem am Heck	-

Dieser Anhänger ist als Einachsanhänger mit einem Stahlfahrgestell ausgeführt. Der Aufbau ist aus Holzbrettern mit Metallbeschlägen gebaut. In die Ladefläche ist ein Kratzboden integriert. Dieser befördert den Dung zum Heck des Dungstreuers. Hier ist eine Verteileinrichtung in Form einer waagerechten Walze verbaut. Diese Walze kann heruntergeklappt werden. Der Betrieb der Walze ist allerdings nur in hochgeklapptem Zustand möglich. Die Zähne der sich drehenden Walze ergreifen den Dung und verteilen diesen auf dem Feld. Als Antrieb für die Mechanik wird die Zapfwelle der Zugmaschine verwendet.

Ladewagen HS 3 und TS 3

Anzahl der Achsen	1
Reifengröße	10.0/75-15.3
Bremssystem	Handhebelbremse
Feststellbremse	Handhebelbremse
Spurbreite	1850 mm
Federung / Achsausgleich	-
Material Fahrgestell	Stahl
Material Aufbau	Stahl/Holz
Zusatzausstattung	Pickup, Kratzboden, Ladearm hydraulisch
Energieversorgung	Zapfwelle, Hydraulik
Ladekapazität	4000 kg
Hersteller	Krone
Ankuppelsystem an der Front	Zugöse 40 mm Traktor
Deichsel	Starrdeichsel
Ankuppelsystem am Heck	-

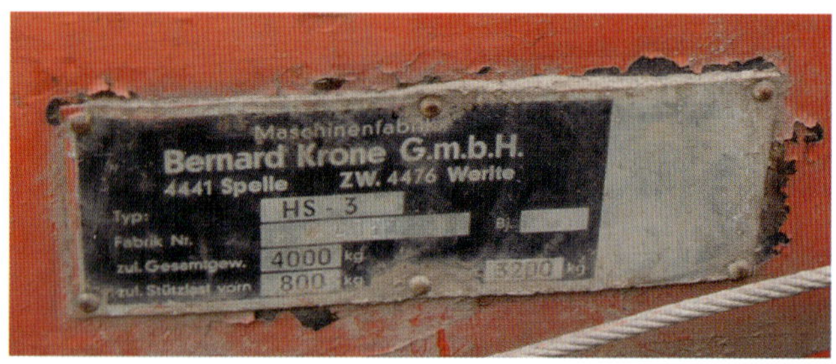

Die hier abgebildeten Einachsanhänger basieren jeweils auf einem Stahlfahrgestell. Die Aufbauten sind eine Kombination aus Holz und Stahl. Die Ladefläche kann bei beiden Anhängern wahlweise über die in den Aufbau integrierte Pick- up mit losem Heu und Stroh beladen werden. Kleine gepresste Heu- und Strohballen werden über den an der rechten Vorderseite angebauten Ladearm auf die Ladefläche befördert.

Anzahl der Achsen	1
Reifengröße	10.0/75-15.3
Bremssystem	Handhebelbremse
Feststellbremse	Handhebelbremse
Spurbreite	1850 mm
Federung / Achsausgleich	-
Material Fahrgestell	Stahl
Material Aufbau	Stahl/Holz
Zusatzausstattung	Pickup, Kratzboden, Ladearm hydraulisch
Energieversorgung	Zapfwelle, Hydraulik
Ladekapazität	4500 kg
Hersteller	Krone
Ankuppelsystem an der Front	Zugöse 40 mm Traktor
Deichsel	Starrdeichsel
Ankuppelsystem am Heck	-

Dieser wird hydraulisch bewegt. Wenn der Ladearm nicht benötigt wird, wird der vordere Teil des Arms demontiert und in eine dafür vorgesehene Aufnahme auf der linken vorderen Seite des Anhängers gesteckt. Da das Beladen der Ladefläche mit dem Ladearm während der Fahrt stattfindet, ist hierfür eine gewisse Übung erforderlich. Um die Anhänger zu entladen, kann jeweils die hintere Bordwand aufgeklappt werden. Dann kann die Ladung mit Hilfe des Kratzbodens abgeladen werden. Die Bremsen der Anhänger sind als Handhebelbremsen ausgeführt. Der Unterschied der beiden abgebildeten Ladewagen besteht ausschließlich in der Nutzlast. Als Energieversorgung wird die Zapfwelle und die Hydraulikanlage der Zugmaschine genutzt.

Ladewagen Titan R42-40

Anzahl der Achsen	Tandemachse TDA
Reifengröße	500/50-17
Bremssystem	Druckluftbremse
Feststellbremse	Druckluftbremse
Spurbreite	2050 mm
Federung / Achsausgleich	Blattfeder
Material Fahrgestell	Stahl
Material Aufbau	Stahl
Zusatzausstattung	Pickup, Kratzboden, Entladewalze
Energieversorgung	Zapfwelle, Hydraulik
Ladekapazität	9000 kg
Hersteller	Krone
Ankuppelsystem an der Front	Zugöse 40 mm Traktor
Deichsel	Starrdeichsel
Ankuppelsystem am Heck	-

Dieser Ladewagen basiert auf einem Stahlfahrgestell mit einer Tandemachse. Der Aufbau ist ebenfalls aus Stahl gebaut. Zum Beladen des Anhängers wird die Pick- up genutzt. Über sie gelangt das Ladegut ins Innere des Aufbaus. Hier wird die Ladung mittels des Kratzbodens gleichmäßig auf der Ladefläche verteilt. Zum Entladen des Anhängers wird die hintere Bordwand im unteren Bereich geöffnet und die Ladung wird mit Hilfe der rotierenden Entladewalze und des Kratzbodens entladen. Die Bremse ist als Druckluftbremsanlage ausgeführt. Die Zapfwelle und die Hydraulikanlage der Zugmaschine wird als Energiequelle für den Anhänger genutzt.

Kartoffelroder LH 30

Anzahl der Achsen	1
Reifengröße	Eisenräder
Bremssystem	-
Feststellbremse	-
Spurbreite	1650 mm
Federung / Achsausgleich	-
Material Fahrgestell	Stahl
Material Aufbau	Stahl
Zusatzausstattung	Angetriebener Rotor zur Kartoffelernte
Energieversorgung	Rotor über zuschaltbares Getriebe angetrieben
Ladekapazität	-
Hersteller	Heinrich Lanz
Ankuppelsystem an der Front	Zugöse 40 mm Traktor
Deichsel	Drehkranzdeichsel
Ankuppelsystem am Heck	-

Dieser Kartoffelroder hat ein Stahlfahrgestell. Der Aufbau ist in Stahlbauweise ausgeführt. Die Deichsel ist als Holzbalken mit einer Zugöse aus Stahl ausgeführt. Der Antrieb des Schleuderrades erfolgt über ein Getriebe, welches in die Achse integriert ist. Somit wird die Maschine über die Drehung der Räder angetrieben. Als Zugmaschine wurden kleine Traktoren eingesetzt. Der Schar hebt die Kartoffeln mit samt der Erde an. Dann wird die Erde mit den Kartoffeln durch den Rotor seitlich auf das Feld geschleudert. Hierbei trennt sich die Erde von den Kartoffeln. Zum Transport des Roders wird die Schleuder am Getriebe ausgeschaltet und der Schar angehoben.

Mähwerk LHR 35

Anzahl der Achsen	1
Reifengröße	Eisenräder
Bremssystem	-
Feststellbremse	-
Spurbreite	1650 mm
Federung / Achsausgleich	-
Material Fahrgestell	Stahl
Material Aufbau	Stahl
Zusatzausstattung	Angetriebener Mähbalken
Energieversorgung	Mähbalken über zuschaltbares Getriebe angetrieben
Ladekapazität	-
Hersteller	Heinrich Lanz
Ankuppelsystem an der Front	Zugöse 40 mm Traktor
Deichsel	Drehkranzdeichsel
Ankuppelsystem am Heck	-

Das Fahrwerk dieses Mähwerkes ist aus Stahl hergestellt und mit einer Deichsel aus einem Holzbalken versehen. Die Achse ist mit einem Getriebe versehen. Dieses setzt die Drehbewegung der Eisenräder in eine lineare Bewegung zum Antrieb des Messers im Balkenmähwerk um. Zur Fortbewegung dieses Anhängers mit integriertem Mähwerk ist ein kleiner Traktor vorgesehen. Der Maschinist der Maschine findet auf einem Sitz, welcher auf der Hinterachse montiert ist, seinen Arbeitsplatz. Für die Fahrten, wo das Mähwerk nicht zum Einsatz kommt, wird der Messerbalken hochgeklappt und über eine Kupplung vom Getriebe getrennt. Dieser Vorgang kann vom Maschinisten während der Fahrt über einen Hebel neben dem Sitz eingeleitet werden.

Krananhänger

Anzahl der Achsen	3
Reifengröße	11 R 22.5
Bremssystem	Druckluftbremse
Feststellbremse	Druckluftbremse
Spurbreite	850 mm VA, 1950 HA
Federung / Achsausgleich	Luftfederung HA
Material Fahrgestell	Stahl
Material Aufbau	Stahl
Zusatzausstattung	Zwillingsbereifung, Kranaufbau
Energieversorgung	Elektromotor
Ladekapazität	13000 kg
Hersteller	Kuhlmann
Ankuppelsystem an der Front	Zugöse 40 mm Traktor
Deichsel	Drehschemeldeichsel
Ankuppelsystem am Heck	-

Dieser Spezialanhänger ist für den Transport einer mobilen Krananlage mit einem Stahlfahrgestell ausgerüstet. Der Aufbau ist als Kran in Stahlbauweise als Krananlage ausgeführt. Verwendung findet dieser Kran an Holzumschlagplätzen, meistens in der Nähe von Bahnlinien, und immer dort wo zum Beispiel durch Sturmschäden große Mengen Nutzholz anfallen. Mit Hilfe des Krans können große Mengen an Holz auf Güterwaggons aufgeladen werden. Der Antrieb des Krans erfolgt über einen Elektromotor. Die Bremse ist als Druckluftbremsanlage ausgeführt. Als Zugmaschine können Traktoren oder LKWs eingesetzt werden.

Melkstandanhänger

Dieser einachsige Anhänger ist mit einem Fahrwerk aus Stahl ausgestattet. Der Aufbau ist zweiteilig ausgeführt. Am Heck ist ein geschlossener Kastenaufbau vorhanden. In diesem findet die technische Anlage zum Melken von Kühen ihren Platz. Die Vakuumpumpe ist hier fest eingebaut. Als Antrieb der Pumpe dient die Zapfwelle der Zugmaschine. Der andere Bereich des Aufbaus ist aus Stahl gefertigt und bietet gleichzeitig für 14 Milchkühe Platz, die direkt auf dem Feld am Anhänger gemolken werden. Die Bremse ist als Handhebelbremse ausgeführt.

Anzahl der Achsen	3
Reifengröße	6.00 – 16
Bremssystem	-
Feststellbremse	-
Spurbreite	1950
Federung / Achsausgleich	-
Material Fahrgestell	Stahl
Material Aufbau	Stahl/Holz
Zusatzausstattung	Anbindung für Milchvieh, Melkmaschine
Energieversorgung	Zapfwelle
Ladekapazität	3000 kg
Hersteller	unbekannt
Ankuppelsystem an der Front	Zugöse 40 mm Traktor
Deichsel	Starrdeichsel
Ankuppelsystem am Heck	-

Ladewagen LW 514 M

Anzahl der Achsen	1
Reifengröße	15.0/55-17
Bremssystem	Handhebelbremse
Feststellbremse	Handhebelbremse
Spurbreite	1850 mm
Federung / Achsausgleich	-
Material Fahrgestell	Stahl
Material Aufbau	Stahl
Zusatzausstattung	Pickup, Kratzboden
Energieversorgung	Zapfwelle, Hydraulik
Ladekapazität	4000 kg
Hersteller	Pöttinger
Ankuppelsystem an der Front	Zugöse 40 mm Traktor
Deichsel	Starrdeichsel
Ankuppelsystem am Heck	-

Dieser Anhänger basiert auf einem Stahlfahrgestell und ist als Einachsanhänger ausgeführt. Der Aufbau, ebenfalls aus Stahl gefertigt, ist als Ladewagen ausgeführt. Die Ladung wird über die Pick- up aufgenommen und mit Hilfe des Kratzbodens auf der Ladefläche verteilt. Zum Entladen des Anhängers wird die Klappe am Heck des Anhängers geöffnet und die Ladung mit Hilfe des Kratzbodens nach hinten befördert. An der Deichsel ist ein Stützrad verbaut. Die Bremse ist als Handhebelbremse ausgeführt.

Ladewagen Europrofi

Anzahl der Achsen	Tandemachse TDA
Reifengröße	19.0/45-17
Bremssystem	Druckluftbremse
Feststellbremse	Druckluftbremse
Spurbreite	1950 mm
Federung / Achsausgleich	Blattfeder
Material Fahrgestell	Stahl
Material Aufbau	Stahl
Zusatzausstattung	Pickup, Kratzboden, Entladewalzen
Energieversorgung	Zapfwelle, Hydraulik
Ladekapazität	8500 kg
Hersteller	Pöttinger
Ankuppelsystem an der Front	Zugöse 40 mm Traktor
Deichsel	Starrdeichsel
Ankuppelsystem am Heck	-

Dieser Ladewagen mit Tandemachse basiert auf einem Fahrgestell aus Stahl. Der Aufbau ist ebenfalls aus Stahl hergestellt worden. Die Ladung wird über die Pick- up aufgenommen und mit Hilfe des Kratzbodens auf der Ladefläche verteilt. Zum Entladen des Anhängers wird die Klappe am Heck des Anhängers geöffnet und die Ladung mit Hilfe des Kratzbodens nach hinten befördert. Hier wird die Ladung über die rotierende Entladewalze entladen. Die Bremse ist als Druckluftbremsanlage ausgeführt. Die Energie für den Anhänger kommt von der Zapfwelle und der Hydraulikanlage der Zugmaschine. An der Deichsel ist eine Abstützvorrichtung verbaut

Rückewagen

Anzahl der Achsen	Tandemachse TDA
Reifengröße	11.5/80 – 15.3
Bremssystem	Druckluftbremse
Feststellbremse	-
Spurbreite	2050
Federung / Achsausgleich	Pendelachsen
Material Fahrgestell	Stahl
Material Aufbau	Stahl
Zusatzausstattung	Ladekran mit Holzzange
Energieversorgung	Zapfwelle
Ladekapazität	3000 kg
Hersteller	unbekannt
Ankuppelsystem an der Front	Zugöse 40 mm Traktor
Deichsel	Starrdeichsel
Ankuppelsystem am Heck	-

Dieser Anhänger mit Stahlfahrgestell ist als Rückewagen mit Tandemachse ausgeführt. Hierbei ist der Aufbau für die Aufnahme von Baumstämmen aus Stahl gebaut worden. Als Zusatzausstattung ist bei diesem Anhänger ein Ladekran mit Rundholzgreifer integriert. Zur Abstützung des Anhängers und der Krananlage sind im Bereich des Krans hydraulisch betätigte Stützen verbaut worden. Die Bremse ist als Druckluftbremsanlage ausgeführt. Energielieferant für die Krananlage ist die Hydraulikanlage der Zugmaschine.

Viehtransporter

Anzahl der Achsen	1
Reifengröße	185/65 R14
Bremssystem	-
Feststellbremse	-
Spurbreite	1850 mm
Federung / Achsausgleich	-
Material Fahrgestell	Stahl
Material Aufbau	Holz
Zusatzausstattung	-
Energieversorgung	-
Ladekapazität	1200 kg
Hersteller	unbekannt
Ankuppelsystem an der Front	Zugöse 40 mm Traktor
Deichsel	Starrdeichsel
Ankuppelsystem am Heck	-

Dieser Einachsanhänger ist mit einem eisernen Fahrgestell ausgerüstet. Der Aufbau besteht aus Holzbrettern mit Beschlägen aus Stahl. Die hintere Bordwand ist klappbar ausgeführt. Im heruntergeklappten Zustand wird die Bordwand als Laderampe für das Vieh genutzt. Eine Bremsanlage ist nicht verbaut. Mit diesem Anhänger wird Kleinvieh wie Schafe und Ziegen transportiert.

Triebachsanhänger

Anzahl der Achsen	1
Reifengröße	10.00 – 15
Bremssystem	Handhebelbremse
Feststellbremse	Handhebelbremse
Spurbreite	1850 mm
Federung / Achsausgleich	-
Material Fahrgestell	Stahl
Material Aufbau	Holz
Zusatzausstattung	angetriebene Achse, Kratzboden
Energieversorgung	Getriebezapfwelle für Kratzboden, Wegezapfwelle für ang. Achse
Ladekapazität	3800 kg
Hersteller	Stille
Ankuppelsystem an der Front	Zugöse 40 mm Traktor
Deichsel	Starrdeichsel
Ankuppelsystem am Heck	Zugmaul

Ein Stahlfahrwerk ist die Grundlage dieses Einachsanhängers. Der Aufbau in Kastenform besteht aus Holzbrettern mit Metallbeschlägen. Als Zusatzausstattung wurden ein Kratzboden und eine angetriebene Achse verbaut. Der Kratzboden wird über die Zapfwelle der Zugmaschine angetrieben, während die angetriebene Achse, auch Triebachse genannt, über die Wegezapfwelle der Zugmaschine angetrieben wird. Die Bremse ist als Handhebelbremse ausgeführt. Mit einem Walzenstreuwerk am Heck des Anhängers kann dieser durch den Kratzboden auch als Dungstreuer eingesetzt werden.

Dungstreuer

Anzahl der Achsen	1
Reifengröße	550/60 R 22,5
Bremssystem	Auflaufbremse
Feststellbremse	Handhebelbremse
Spurbreite	1850 mm
Federung / Achsausgleich	-
Material Fahrgestell	Stahl
Material Aufbau	Stahl
Zusatzausstattung	Kratzboden, Streuwalzen, Heckklappe hydraulisch
Energieversorgung	Zapfwelle, Hydraulik
Ladekapazität	8000 kg
Hersteller	Strautmann
Ankuppelsystem an der Front	Zugöse 40 mm Traktor
Deichsel	Starrdeichsel
Ankuppelsystem am Heck	-

Dieser Dungstreuer ist mit einem Fahrgestell aus Stahl ausgestattet. Der Aufbau des einachsigen Anhängers ist aus Stahl gebaut worden. In die Ladefläche ist ein Kratzboden integriert. Das Walzenstreuwerk am Heck des Anhängers ist beim Transport des Dungs zum Feld mit einer Klappe verschlossen. Diese Klappe kann hydraulisch angehoben werden. Als Energiequellen kommen die Zapfwelle und die Hydraulikanlage der Zugmaschine zum Einsatz. Die Bremse wird über eine Auflaufeinrichtung betätigt. An der Deichsel ist eine Abstützvorrichtung angebracht.

Tieflader

Ein Stahlfahrgestell ist die Grundlage dieses zweiachsigen Tiefladers. Der Aufbau ist ein Gestell aus Stahl, welches mit einer Plane rundherum verschlossen werden kann. In die Ladefläche ist ein Stationär-Motor integriert worden. Mit diesem Motor können die verschiedensten Maschinen über einen Flachriemen angetrieben werden. Die Bremse ist als Druckluftbremsanlage ausgelegt. Für den Transport des Anhängers können sowohl Traktoren als auch LKWs verwendet werden.

Anzahl der Achsen	2
Reifengröße	10.00 – 20
Bremssystem	Druckluftbremse
Feststellbremse	Druckluftbremse
Spurbreite	2150 mm
Federung / Achsausgleich	-
Material Fahrgestell	Stahl
Material Aufbau	Stahl/Holz
Zusatzausstattung	Aufgebauter Standmotor
Energieversorgung	-
Ladekapazität	11000 kg
Hersteller	unbekannt
Ankuppelsystem an der Front	Zugöse 40 mm Traktor
Deichsel	Drehkranzdeichsel
Ankuppelsystem am Heck	Zugmaul

Dungstreuer Record 3000

Anzahl der Achsen	1
Reifengröße	11.5 - 15
Bremssystem	Handhebelbremse
Feststellbremse	Handhebelbremse
Spurbreite	1850 mm
Federung / Achsausgleich	-
Material Fahrgestell	Stahl
Material Aufbau	Stahl
Zusatzausstattung	Kratzboden, Streuwalzen
Energieversorgung	Zapfwelle
Ladekapazität	4000 kg
Hersteller	Unsinn
Ankuppelsystem an der Front	Zugöse 40 mm Traktor
Deichsel	Starrdeichsel
Ankuppelsystem am Heck	-

Dieser Dungstreuer verfügt über ein Stahlfahrgestell und ist als einachsiger Anhänger konzipiert. Der Aufbau besteht aus Holzbrettern mit Beschlägen aus Metall. Am Heck des Anhängers ist ein Walzenstreuwerk zum Entladen des Dungs integriert. Wenn der Anhänger für anderweitige Transportaufgaben genutzt werden soll, kann das Walzenstreuwerk gegen eine Bordwand ausgetauscht werden. Die Bremse ist als Handhebelbremse ausgeführt. Die Energie für Kratzboden und Streuwerk kommt von der Zapfwelle der Zugmaschine.

Vielzweckwagen

Anzahl der Achsen	2
Reifengröße	185 R 14 C
Bremssystem	Handhebelbremse VA
Feststellbremse	Handhebelbremse VA
Spurbreite	19000
Federung / Achsausgleich	Blattfeder
Material Fahrgestell	Stahl
Material Aufbau	Stahl/Holz
Zusatzausstattung	steckbare Rungen, Staufach
Energieversorgung	-
Ladekapazität	5700 kg
Hersteller	Homrighausen
Ankuppelsystem an der Front	Zugöse 40 mm Traktor
Deichsel	Drehkranzdeichsel
Ankuppelsystem am Heck	Zugmaul

Ein Stahlfahrgestell ist die Grundlage dieses zweiachsigen Anhängers. Als Aufbau kommt hier eine Ladefläche aus Holzbrettern, welche in einen Stahlrahmen integriert ist, zur Verwendung. Vorne und hinten am Anhänger sind jeweils Aufnahmen für Rungen angebracht, durch die Verwendung von Rungen ist ein Einsatz als Meterholzwagen gegeben. Ohne die Rungen können auch Bretterpakete transportiert werden. Der Achsausgleich ist durch Blattfederpakete gegeben. Die Bremse ist als Handhebelbremse ausgeführt. Der Handhebel kann durch einen Bautenzug auch mit auf den Führerstand der Zugmaschine genommen werden.

WEITERE INTERESSANTE BÜCHER ZUM THEMA

Ein einzigartiges Standardwerk zur Lkw-Geschichte: Wolfgang Gebhardt präsentiert die riesige Vielfalt (fast) aller im Deutschen Reich, in der DDR und in der Bundesrepublik Deutschland vertretenen Hersteller von Anhängern und Aufliegern.

368 Seiten, 700 Bilder, Format 230 x 265 mm
ISBN 978-3-613-04147-9
€ 39,90 / € (A) 41,10

Vom Pflug bis zur Mähmaschine: Marco Homrighausen und Klaus Dreyer legen mit diesem Band eine umfassende, lückenlose Enzyklopädie der deutschen Landmaschinenhersteller vor, die seit Beginn der Mechanisierung das Leben der Landwirte erleichtern.

480 Seiten, 700 Bilder, Format 230 x 265 mm
ISBN 978-3-613-04204-9
€ 49,90 / € (A) 51,30

Dieses Standardwerk zeigt die bunte Vielfalt auf dem Acker, angefangen von den Dampfpflügen von gestern bis hin zu den autonomen Selbstfahrern von heute. Eine großartige Zusammenstellung legendärer Landmaschinen samt Einblicke in Technik und Funktion.

224 Seiten, 468 Bilder, Format 230 x 305 mm
ISBN 978-3-613-04048-9
€ 14,95 / € (A) 15,40

Wolfgang Gebhardt legt mit diesem Band eine völlige Neuausgabe seiner Traktoren-Enzyklopädie vor und beschreibt alle großen, kleinen und kleinsten Trekker-Firmen, die seit 1907 mithalfen, die deutsche Landwirtschaft zu motorisieren.

504 Seiten, 957 Bilder, Format 230 x 265 mm
ISBN 978-3-613-04006-9
€ 39,90 / € (A) 41,10

Stand Januar 2020
Änderungen in Preis und Lieferfähigkeit vorbehalten.

Überall, wo es Bücher gibt, oder
WWW.MOTORBUCH-VERSAND.DE
Service-Hotline: 0711 / 78 99 21 51

Motor buch Verlag